饰品设计与制作

刘科江 陈栩媛 著

·北京·

内容简介

本书主要讲述了饰品的设计与制作，科学系统地将饰品进行分类，并逐一进行讲解、分析与应用举例。具体分为四个项目，其中项目一为穿戴饰品设计与制作，项目二为装饰饰品设计与制作，项目三为服饰饰品设计与制作，项目四为家居饰品设计与制作。

本书可作为服饰服装设计、人物形象设计等专业师生学习的专业教材，也可供从事时尚饰品设计以及相关领域的设计师、专业人员学习和参考。

图书在版编目（CIP）数据

饰品设计与制作 / 刘科江，陈栩媛著. —北京：化学工业出版社，2022.1（2024.6重印）

ISBN 978-7-122-40074-1

Ⅰ.①饰… Ⅱ.①刘…②陈… Ⅲ.①装饰制品－设计－高等职业教育－教材②装饰制品－制作－高等职业教育－教材 Ⅳ.①TS955

中国版本图书馆CIP数据核字（2021）第208654号

责任编辑：李彦玲　吴江玲　　文字编辑：李　曦

责任校对：刘曦阳　　装帧设计：李子姮

出版发行：化学工业出版社（北京市东城区青年湖南街13号　邮政编码100011）

印　　装：中煤（北京）印务有限公司

787mm×1092mm　1/16　印张$8^1/_4$　字数171千字　2024年6月北京第1版第2次印刷

购书咨询：010-64518888　　售后服务：010-64518899

网　　址：http：//www.cip.com.cn

定　　价：49.80元

序

古往今来，人类作为一种有灵性的生命群体，始终在探讨着、发展着、变幻着装饰自身和环境的各种方法。这种体现着人类独有特征的装饰文化，既是人类生命本质的证明与展示，也是某种社会价值的折射与交集，同时也是对文化表征和思想情感的体现。可以说，现代饰品丰富多彩、琳琅满目，几乎包含了每一种艺术形式。它的装饰性无时无处不存在，并深受大众的追捧。遗憾的是，针对拥有如此巨大潜在市场和发展动力的行业，当前市面上少有系统的相关教材问世。许多高职院校的饰品设计教学内容甚至还停留在对个别佩饰的简单介绍上，或者是对研究型大学教学内容的简单借鉴上，缺乏对高职院校的学情分析和对应的实践认知，因而难以体现出高职的教育特色。这一套教材可以说是一个全新的尝试。它改变了传统的“章、节”教材结构，采用“工作任务、职业能力”的活页式体例结构进行教材的开发和编写，并按照能力清单用模块化的设计理念对教学内容进行组织，科学系统地将饰品进行分类，并逐一进行详解、分析与应用举例，以实现理论联系实际、通俗易懂、图文并茂，且可操作性强的目的。本书既可以作为服饰服装设计、人物形象设计等专业在校学生的专业教材，也可以作为从事时尚饰品设计以及相关领域的设计师、专业人员的学习和参考用书。时代在不断前进，在装饰文化发展的漫长历程中，饰品所起到的作用是不容置疑的。它早已形成了独立的发展趋势并得到了许多人的关注，从而使现代饰品设计获得了前所未有的自由表现空间。

张来源

2021 年 6 月 10 日

前言

地球上有了人类，就有了对美好生活的精神向往。用漂亮的饰品装饰自身或居住环境是人类的本能，并且这种装饰的本能随着社会的发展和演变，已经深入到生活的各个层面，成为一种广泛而普遍的人类行为和审美方式。它不仅能够直接影响一个人的风度气质，也是体现佩戴者的文化修养和其生活环境的品质等的诸多要素之一，并且在人类的各种社会活动中也经常扮演着重要的角色。可以说，饰品已经成为人类生活不可或缺的一部分。《饰品设计与制作》一书正是在这样的背景下，切实从行业、人才及学科发展的需求出发，结合教学团队多年的教学经验，科学系统地将饰品进行分类，并逐一进行详解、分析与应用举例，力求达到理论联系实际、通俗易懂、图文并茂、可操作性强的目的。让教师上课讲解轻松、易于解释，学生听得懂、看得懂，并能自主参与学习，有效解决饰品设计与制作中常会遇到的一些教学难题。全书内容共分为四个项目，每个项目包含若干个实训任务，并以任务驱动方式组织实训内容，从实际应用出发，以国家技能标准与规范为指导，从任务目标、实训内容到技能训练等环节均充分体现高职高专实训课程的特色。此外，为方便教学，书中附有教学视频等资源，读者可扫描书中二维码观看相应资源，随扫随学，激发学生自主学习的积极性，实现高效课堂。最后，在本书的整个编著过程中，我们得到了行业内同仁的鼎力支持，也得到本校师生的通力配合。该书由刘科江老师组织策划、编排体例、撰写制作部分、制作视频资源；由陈栩媛老师撰写设计部分、设计课题任务、统筹和校对书稿；蒋才冬老师、张丽红老师、段娜老师、钟铭扬同学提供相关图例；李紫铃、黄栾婷、陈漫梓、肖家碧、陈明惠等同学绘制部分图稿；张泳、席浩达、何嘉彦、林超等拍摄照片；苏诗越、刘嘉玲、赵露瑶、凌狄、吴家瑜、钟铭扬等担任模特；杨嘉慧、何海婵、郭宇枫、孙源癸、谭志聪等拍摄和制作视频，在此一并表示感谢！

著者

2021 年 6 月 15 日

目录

I 项目一 穿戴饰品设计与制作

任务一　眼镜的设计与制作

情景描述

近年来，由于时尚一族对于眼镜时尚性的追捧，这在提高眼镜消费频次的同时，还极大地带动了眼镜朝配饰化方向的发展。眼镜不再单纯地被看作一种医疗器具，而更多地被视为服饰的一个重要组成部分并贯穿于形象的整体搭配之中。外形和尺度也不再拘泥于传统的样式，而是提倡更为个性化的设计，并与时尚流行紧密相连，以营造出更符合当下年轻人的时尚体验，如图 1-1 所示。

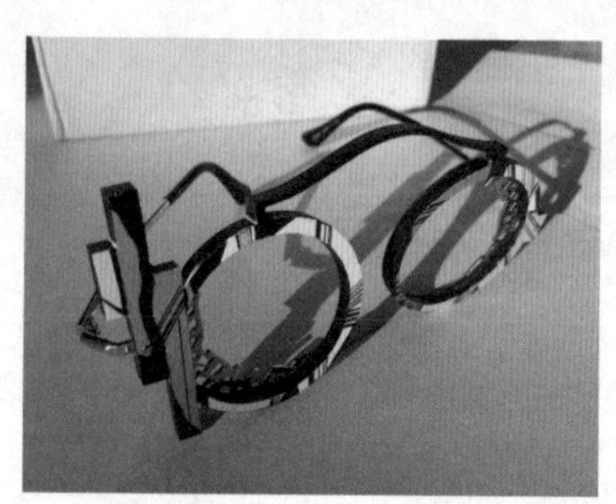

图 1-1 时尚眼镜 / 徐绮静

一、眼镜饰品的主要分类和应用特点

眼镜是服饰产品的焦点，它戴在脸部中心，和发型一样是个可以迅速改变脸部甚至佩戴者整体形象的关键点。从功能和用途上分，眼镜饰品的种类主要有装饰性太阳眼镜和装饰眼镜。

装饰性太阳眼镜区别于一般太阳眼镜的地方在于，它注重的是其装饰性而非遮阳功能。它往往款式多样、色彩丰富，适合与各类服饰搭配使用，有很强的装饰作用，受到年轻一族的青睐，时尚女性对其更是宠爱有加。

而装饰眼镜的特点可以说形式大于功能，它甚至可以只有镜框而没有镜片。说它是眼镜但是没有镜片，完全不能起到眼镜的作用，架在鼻梁上作为装饰品却又那么独具一格，很难不引人注目。

二、眼镜饰品的美学原理和搭配法则

随着社会物质水平的不断提高，人们逐渐在时尚配饰的审美上开始追求更多个性的变化和与众不同的搭配风格。流行趋势会为大众品牌的设计提供借鉴与参考，同时也引导了设计完成后整体配饰上的搭配法则。眼镜饰品的搭配原则也离不开这一定律。它会根据不同的流行趋势风格产生不同的搭配造型变化，除此之外还要结合脸型、发型、服装、场合等因素进行搭配，从而用眼镜搭配出更好的自己。

1. 眼镜饰品的美学原理

对称是我们日常生活中最常见的一种自然形式，比如人的身体结构、植物的叶子等，它是一种等形等量的组合。从心理学角度来看，对称形式在机能上可以取得力的平衡，在视觉上可以给人完美无缺的感觉，从而满足了人们生理和心理上对平衡的需求。这种有秩序的形式美，是原始艺术和一切设计普遍采用的表现形式之一。许多的眼镜饰品也都是依照对称的形式进行设计的。这是因为人体的五官是按鼻梁垂直中心线对称的，对称能给人们一种端庄协调的美感，如图 1-2 所示。

在设计的过程中，恰当地结合美学原理，在造型、色彩、肌理等方面加以表现，必定能呈现出更为完美的眼镜饰品。

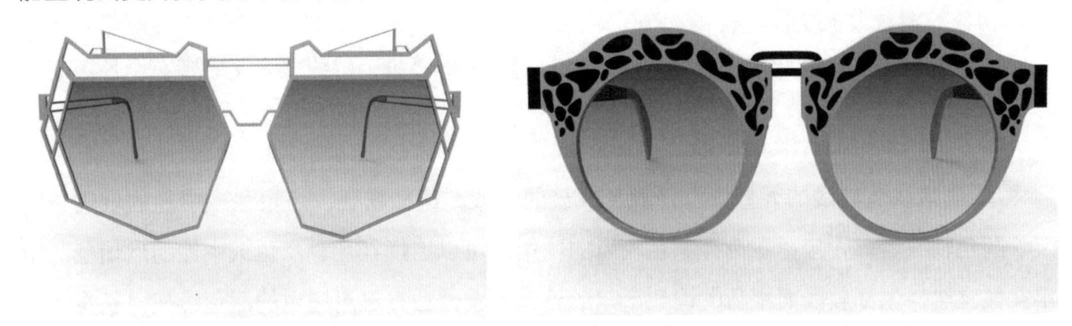

图 1-2 采用对称设计的眼镜 / 林智

2. 眼镜与脸型的搭配法则

在现代生活中，眼镜和服装一样，对人的整体形象起着至关重要的作用。戴眼镜的人不希望暴露自己的缺陷，而是希望眼镜能起到装饰的作用，掩饰缺点，突出优点。每个人的脸型都不同，要选择适合自己脸型的眼镜，这样才能展现出个人的魅力。

（1）方脸

方脸的人从形式美的角度上来讲不宜选择圆镜框的眼镜，否则会使脸显得更方。相对的可以选择佩戴镜框略微向上翘的眼镜，会起到较好的修饰脸型的作用。

（2）圆脸

圆脸的人应该避免大镜框、深色镜框和宽边镜框，也不适合戴圆镜框或方正的镜框。因为圆镜框在圆脸上会使脸部出现过多的圆线，方正的镜框会和圆润的脸部轮廓线形成对比，使脸型更圆。

（3）长脸

宽边、深色、大镜框、镜架高度大的眼镜在视觉上会有缩短脸型长度的效果。无底边、透明、细框、金丝边框架、镜脚位置较高的眼镜则不适合长脸。

（4）短脸

脸型偏短切忌佩戴大镜框眼镜，以避免眼镜在脸上占据太大空间，从视觉上更加显得短小。相反的，选择细边眼镜和透明、金丝边眼镜，会使脸型看起来更为平衡协调。

3. 眼镜与发型的搭配法则

（1）大框镜架+长发齐刘海

长发齐刘海的发型能让脸型看上去显小，再搭配大框镜架就会令这种效果更加明显，给人以一种十足的个性美。

（2）个性短发+金属镜架

个性短发给人清爽利落之感，搭配上一副极有质感的金属镜架，则会将中性的魅力发挥得淋漓尽致。

（3）波波头+圆形大框复古眼镜

波波头的发型活泼俏皮，搭配圆形大框的复古眼镜之后，可爱的气质被展现无余。

（4）波浪长发+方形镜框

波浪长发予人一种妩媚的感觉，再加上一副方形的镜框，婉约之余又略带有个性美感。

4. 注意事项

① 通常肤色较浅的人最好选择颜色较淡的镜架，比如粉色、金银色或中性的玳瑁色镜架；肤色较深者，则应尽量选择颜色较重的镜架，可以选择红色、黑色或中性的玳瑁色。中年女性宜选择色泽较浅而细巧的镜架；年龄更大的女性适宜选用庄重的深色镜架。长鼻者应配鼻梁连杆高的镜架。短鼻者应配鼻梁连杆低的镜架，以避免产生不协调感。

② 正式场合适合佩戴框较小、款式精致的眼镜，既典雅又大方。

③ 休闲、聚会等场合，则适宜选择一些时下流行的、大边框的眼镜，显得既青春又时尚。如参加化装舞会等，则可选用夸张、花哨的镜架配饰。工作、学习的场合更适宜选用简洁、朴素的眼镜。

三、眼镜饰品的设计与制作

从接受设计任务到设计制作出具体的眼镜饰品，这个过程其实和其他类别的设计一样，都是一个反复推敲和创造、研究的过程。换句话说，也是一个提出问题和解决问题的过程。在这里需要特别强调的是：在完成整个实践环节的过程中，我们提倡学生解放思维、大胆创想，积极寻求一些新的媒介手段和视觉表达方式来进行设计和制作，从而使自己的作品更具有新意和独特性。结合本项目的学习任务和知识点，我们的课题练习设置为：以个性创意为目标，设计并制作一系列装饰眼镜。

课题一

复古风格太阳眼镜

1. 理解课题

当接到设计项目时，首先需要思考以下三个问题：

（1）该如何理解本次设计主题？

复古风格泛指恢复旧时元素的某种风貌、风格或风潮。现在所说的“复古风”，大都是指把从前在社会上有广泛影响和流行并一度被淘汰的设计样式和理念，用于新产品的设计，使消费者从怀旧的情绪中产生对该产品和品牌的共鸣和认可，进而形成一种设计风格和流行风潮。

因此，要体现复古风格，就必须借用以前的流行元素，并将其应用于新产品的设计。

（2）以什么样的形式和风格来表现本次主题？

复古的元素很多，到底是选择哪些元素来作为本次主题的造型元素，是需要深入思考才能确定的。圆形红色镜片的太阳眼镜是20世纪80年代的经典单品，它代表着专属年代的潮流印记，可以作为本次主题设计的造型元素之一。设计风格上也尽量以曲线造型的复古风为主。

（3）选择什么样的色彩搭配和情境应用？

具有复古韵味的色彩容易让人联想到咖啡色系和金属色系。但是考虑到要突出个性化的设计风格和特征，因此，在这次的色彩搭配上更多是趋向于以某种鲜亮的纯色调作为主要的色彩来进行表现，辅以少量它色作为点缀。适用于服装秀场、时尚类的服饰搭配或特定年代场景的需求。

2. 市场调研与分析

针对本次设计项目的要求，通过实地和互联网、图书馆等多种渠道的调查，我们了解到当下国内外时尚、个性化的太阳眼镜越来越受到大众的欢迎。而这一类的太阳眼镜不一定要用昂贵的材料来制作，它更多的是体现了设计师的独具匠心。可以说，即便是普通的材料经过设计师的精心设计，也能达到精彩绝伦的效果。

此外，考虑到此次设计的主题是“复古风格太阳眼镜”，因此我们选择以金属框架和链条来表现复古的感觉，并以手工制作的方式来打造独一无二的专属复古风格太阳眼镜。

3. 创意与构想

红色圆形镜片的太阳眼镜是20世纪80年代的经典单品，它代表着专属年代的潮流印记。在此基础上，加上金色的链条进行搭配，能够产生出复古华丽的感觉，轻易便能勾起让人温暖的往日情怀。

概念方案：设计一款以复古风格为主题的太阳眼镜，并以圆形红色镜片的太阳眼镜和金色的链条进行搭配来创造出复古华丽的感觉，材料主要为红色椭圆镜片太阳眼镜、金色链条等。

4. 绘制草图和效果图

当有了基本的构思以后，我们就开始尝试绘制复古风格太阳眼镜草图了，如图 1-3 所示。然后再根据本次项目设计的需要和主题要求，对完成的草图进行分析和修改，最后画出正稿效果图，如图 1-4 所示。

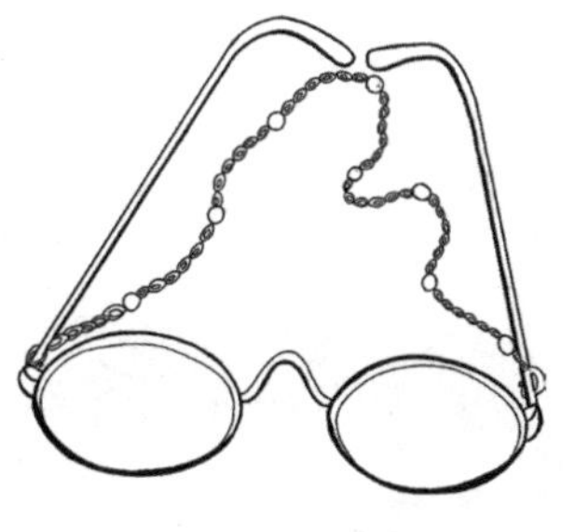

图 1-3　草图

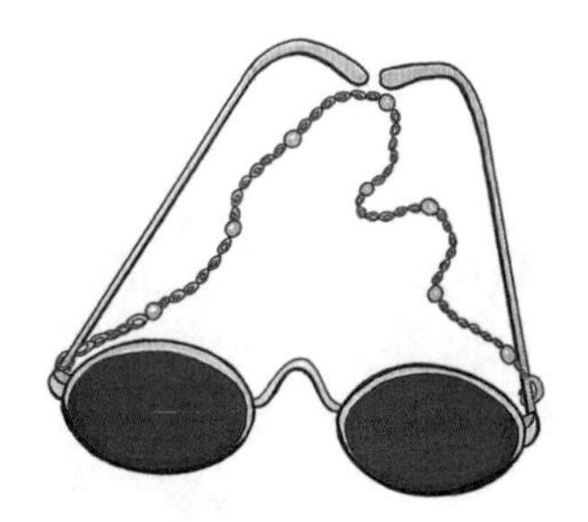

图 1-4　效果图

5. 准备材料和工具

材料：红色椭圆镜片太阳眼镜、金色链条、链接扣、小圆圈

工具：圆嘴钳

6. 实践制作

经过前面的多番调查、论证、筛选、细化，定稿后，便可以进入具体的制作阶段了。

将小圆圈用圆嘴钳拧一下，接着穿进金色链条和链接扣。

用圆嘴钳拧紧。抠开链接扣的下按钮挂在红色椭圆镜片太阳眼镜的镜腿上。

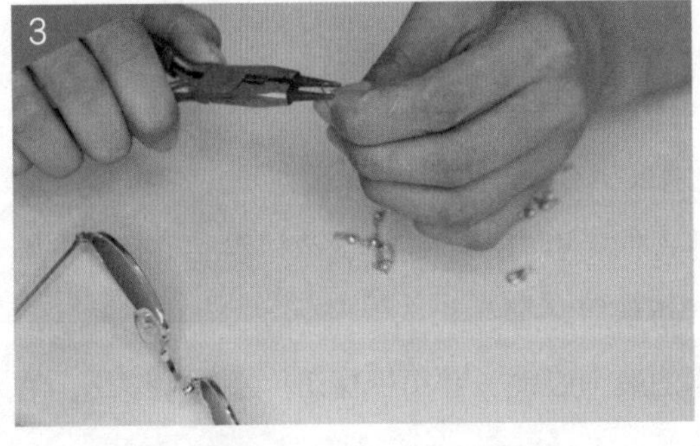

另外一边也是用同样的方法。将小圆圈用圆嘴钳拧一下，接着穿进金色链条和链接扣，之后用圆嘴钳拧紧。

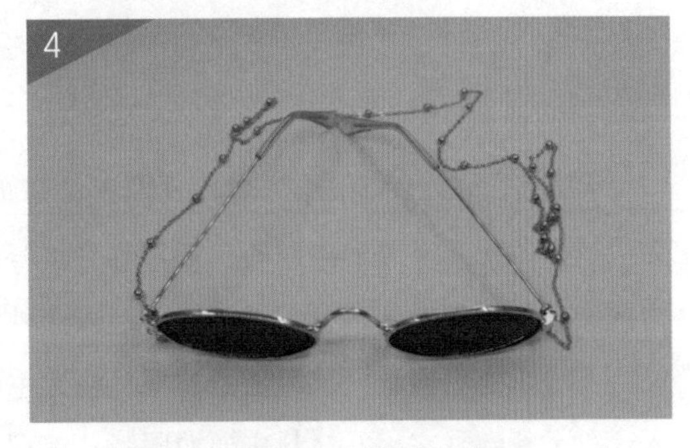

抠开链接扣的下按钮挂在太阳眼镜镜腿上。

课题二

清新柠檬眼镜

1. 理解课题

当接到设计项目时，首先需要思考以下三个问题：

（1）该如何理解本次设计主题？

本次设计主题是有比较具体形象的柠檬眼镜。作为个性化的创意设计，我们不妨大胆一些，尝试用不寻常的材料来进行表现。

（2）以什么样的形式和风格来表现本次主题？

柠檬是非常具象的事物，到底是选择用具象形态还是抽象形态来作为本次主题的造型元素，是本次设计的考虑重点。如果采用具象形来进行表达，那么材料的选择将是决定整个设计样式的关键。

（3）选择什么样的色彩搭配和情境应用？

具有清新感的色彩容易让人联想到青色系、黄色系和绿色系。因此，在本次的色彩选择上将以绿色调作为主要的表达色彩。这款眼镜适用于时尚类或服饰类杂志的拍摄需求。

2. 市场调研与分析

在项目设计的过程中，前期的市场调研和分析是必不可少的环节。针对本次设计项目的要求，我们通过实地和互联网、图书馆等多种渠道的调查，发现市面上能凸显前卫、时尚的太阳眼镜特别受到年轻消费者的喜爱。

3. 创意与构想

幽默诙谐是一种在配饰设计领域中常常被拿来研究的情感主题。设想一下，一件配饰如果具有能使人发笑的幽默感，通常也会具有迷人的吸引力。于是，设计师作出了充满想象力的设计，用柠檬切片来替代镜片，给人一种清新幽默之感。

概念方案：设计一款以清新柠檬风格为主题的装饰眼镜，并用柠檬切片来替代镜片，给人一种清新幽默之感。材料主要为眼镜、柠檬片等。

4. 绘制草图和效果图

当有了基本的构思以后，我们就可以开始尝试绘制清新柠檬眼镜的草图了，如图 1-5 所示。然后再根据本次项目设计的需要和主题要求，对完成的草图进行分析和修改，最后画出正稿效果图，如图 1-6 所示。

图 1-5　草图

图 1-6　效果图

5. 准备材料和工具

材料：眼镜、柠檬片

工具：热熔胶枪

清新柠檬眼镜

6. 实践制作

经过前面的多番调查、论证、筛选、细化，定稿后，便可以进入具体的制作阶段了。

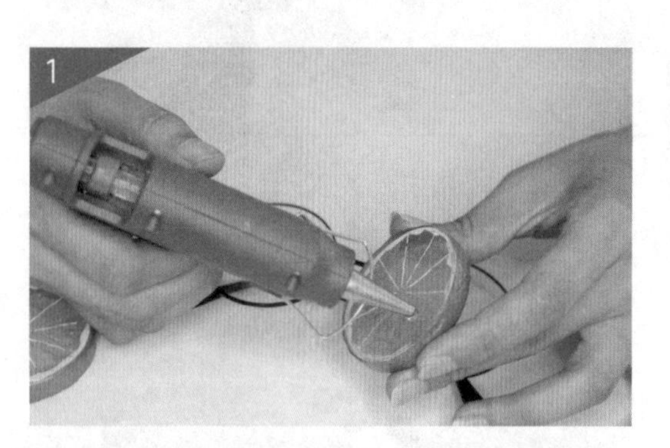

将热熔胶枪加热一分钟后，按压出热熔胶涂在柠檬片上粘贴到眼镜片上。

注意要将眼镜片与柠檬片对齐。

另外一边眼镜片也使用同样的方法粘贴上柠檬片。

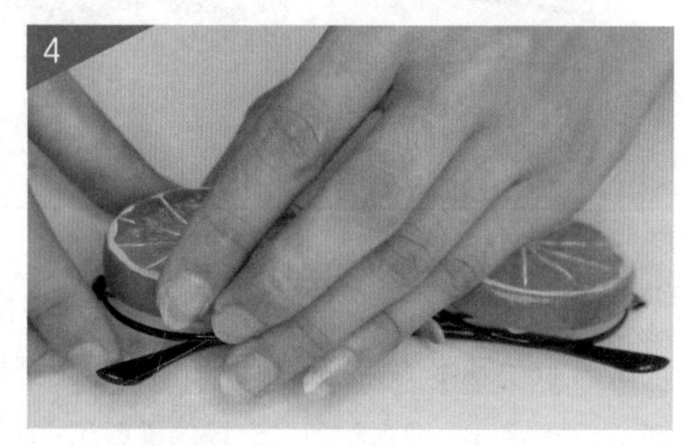

清新柠檬眼镜制作完成。

课题三

优雅金属装饰眼镜

1. 理解课题

当接到设计项目时，首先需要思考以下三个问题：

（1）该如何理解本次设计主题？

本次设计主题是优雅的金属装饰眼镜。“优雅”一词本身包含了优美雅致之意。尤其在阳光灿烂的季节，风姿绰约的漂亮姑娘们脸上戴着装饰眼镜，显得是那么神秘、那么优雅。

当我们明确了这一次的主题后，在练习中我们需要把握主题灵感与视觉呈现之间的关系，最后通过视觉的呈现来表现本次设计主题。

（2）以什么样的形式和风格来表现本次主题？

明确设计主题是设计的第一步。接下来要用什么样的形式和风格来进行表现则是我们要思考的重点。我们给本次的设计定出了几个关键词作为此次设计项目的DNA，如精致、装饰、金属、曲线造型等，并进一步明确了整体设计的审美风格将趋向于装饰主义风格，材料上则选择用合金材料进行表达。

（3）选择什么样的色彩搭配和情境应用？

能够体现“优雅”感的色彩容易让人联想到黄色和金色或是白色。因此，在这次的色彩选择上将以金属色调作为主要的表达色彩，辅以白色进行点缀。该类别的眼镜主要适用在时尚类或服饰类的搭配中或杂志、T 台、街拍时使用。

2. 市场调研与分析

针对本次设计项目的要求，通过多方调查、论证，我们了解到当下国内外优雅风的装饰眼镜很是受到大众的欢迎。而这一类的装饰眼镜不一定要用昂贵的材料来制作，仅仅使用金属也可以体现出对优雅的诉求。因此，从设计上去做突破将是本次设计的亮点所在。

3. 创意与构想

随着时代的变迁和科学技术的不断发展，人们对饰品的认知不仅仅停留在讲究材料的价值上，而是越来越趋向于追求个性化和新颖性，许多合金材料被广泛地应用到流行饰品中。

利用金属装饰配件对镜框进行装饰，同为金属色系的搭配，和谐而不失优雅。

概念方案：设计一款以优雅为主题的金属装饰眼镜。该装饰眼镜以曲线形态进行镜框的装饰，材料以合金为主，色彩则以金色和米白色为主，旨在表现高雅、精致的装饰风格。

4. 绘制草图和效果图

当有了基础的构思以后，我们就开始尝试绘制优雅金属装饰眼镜的草图了，如图 1-7 所示。然后再根据本次项目设计的需要和主题要求，对完成的草图进行分析和修改，最后画出正稿效果图，如图 1-8 所示。

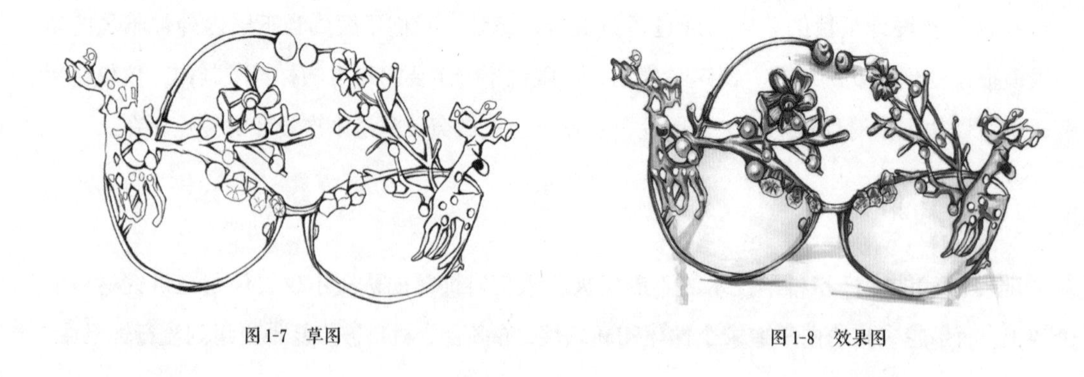

图 1-7　草图　　　　图 1-8　效果图

5. 准备材料和工具

材料：装饰眼镜、小树枝、镶钻梅花鹿、链接扣、金属小花、透明三角水晶珠、大带托皓石、小带托皓石、珍珠、小圆圈

工具：热熔胶枪、镊子、圆嘴钳

优雅金属装饰眼镜

6. 实践制作

经过前面的多番调查、论证、筛选、细化，定稿后，便进入具体的制作阶段了。

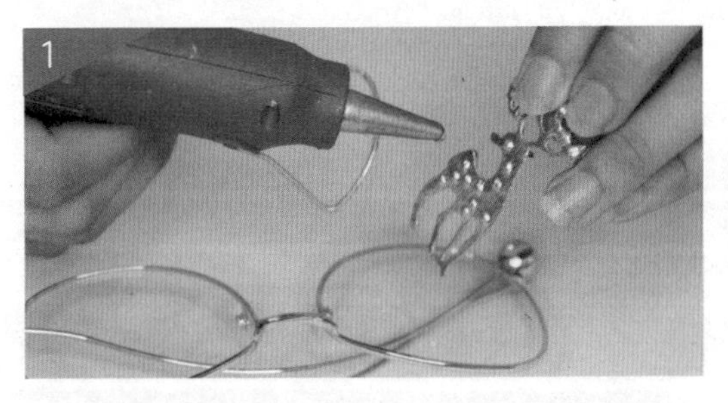

将热熔胶枪加热一分钟后，按压出热熔胶涂在镶钻梅花鹿底部，放在装饰眼镜右上角，梅花鹿身体与眼镜框对齐。以同样的方法将另外一边的梅花鹿放在左上角。

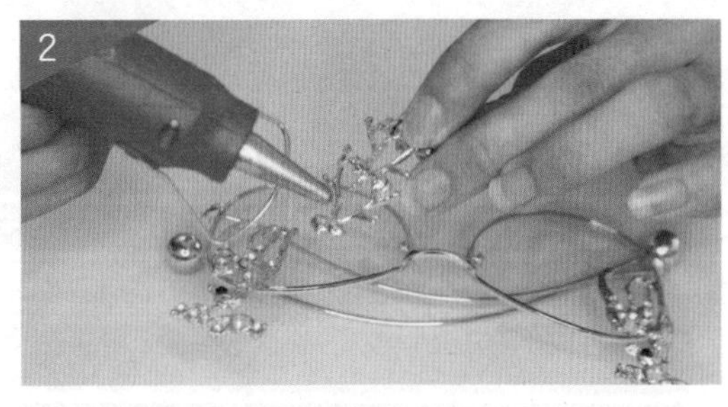

接着按压出热熔胶涂在小树枝的底部，粘贴在梅花鹿脖子与身体交界处旁边。另外一边在相反的位置粘贴小树枝，两支小树枝的方向是相对的。

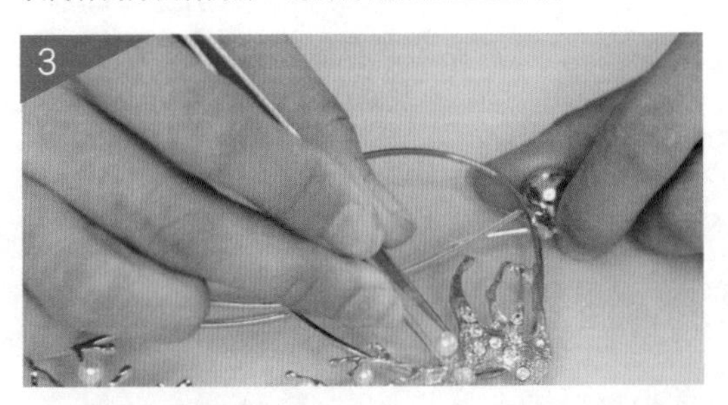

接着按压出热熔胶涂在小树枝的正面，用镊子夹取一颗小珍珠放在树枝上。一边 6 颗，位置可以自行选择。这样珍珠小树枝就完成了。

接着按压出热熔胶涂在金属小花上，之后用镊子夹住将其粘贴在珍珠小树枝的最高处。另外一边也进行同样操作。

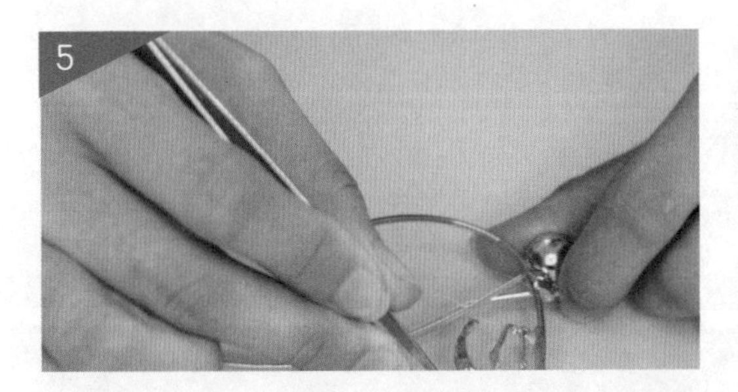

用镊子夹取一颗大带托皓石，按压出热熔胶涂好并放在树枝旁边，同样的方法接着夹取小带托皓石，沿着鼻梁的方向放两颗小带托皓石。另外一边也是进行同样的操作只是方向相反。

将小圆圈用圆嘴钳拧一下，接着穿进透明三角水晶珠和链接扣，之后用圆嘴钳拧紧。扳开链接扣的下按钮放在镜腿上。另外一边也进行同样的操作。这样优雅金属装饰眼镜就完成了。

课题练习

结合当下的流行时尚文化，以个性创意为目标，设计并制作一款装饰眼镜。

知识应用与思政目标

1. 懂得从材料、工艺、选题、设计要点等各个方面对课题进行解析。
2. 学会在实践中学习知识并解决实际问题。

任务二　耳饰的设计与制作

情景描述

时尚产业的日渐繁荣，生活质量的提高提升了现代人的审美与品位，人们倾心于时尚且具有鲜明风格的服饰装扮。耳饰逐渐演变为体现个人时尚程度的配饰。在材质的选择上也推陈出新，彰显着个性和品位，如图 1-9 所示。

一、耳饰的主要分类和应用特点

耳饰，顾名思义就是戴在耳朵上的饰品。现代耳饰不论材质、色彩、造型都多种多样，一般可分为耳钉、耳环、耳坠三种。

1. 耳钉

耳钉是耳朵上的一种饰物，比耳环小，形如钉状。一般需穿过耳洞才能戴上，耳钉造型千变万化，因其精致而为人们所喜欢，甚至也有男性将其列入日常佩戴品之中。其他耳饰没有谁能像它一样起到点睛的作用，耳钉比较适合脸型较小的人佩戴，那样它的作用才能发挥到极致。耳钉造型如图 1-10 所示。

图 1-9　珊瑚耳环 / 叶衔舟

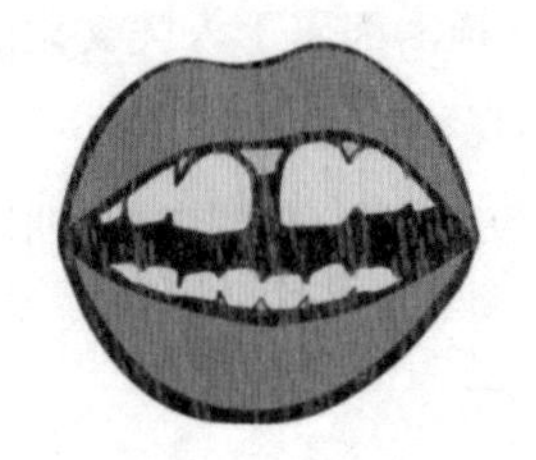

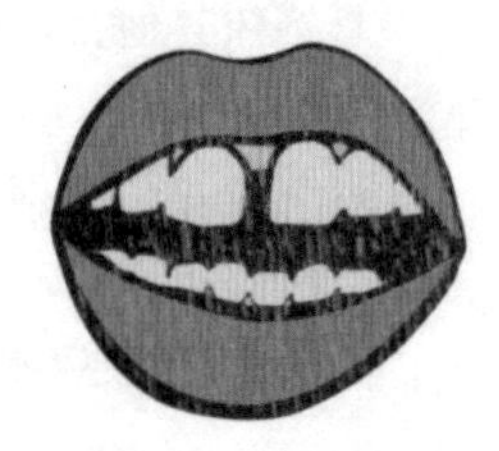

图 1-10　耳钉 / Uhana speak to me

2. 耳环

耳环是最能体现女性美的饰物之一。通过对耳环的款式、长度和形状正确运用，能够调节人们的视觉观感，达到美化形象的目的。

市场上的耳环有插圈和轧圈两种。前者只适合于耳垂上已有耳洞者佩戴，插圈从耳洞中直插过去，可将饰物牢固地固定在耳垂上。后者主要采用耳钳夹紧耳垂的方式来将耳环固定住，其优点是便于脱卸。

佩戴耳环可以给人以大气的感觉，随着人们审美意识的不断改变，耳环在造型上也有了很大的改变。从原来的小环仅能够圈住耳垂一圈，到现在的大到可以套住手腕，耳环样式变化多端，有带坠儿、方形、三角形、菱形、圆形、椭圆形、双股扭条圈、大圈套小圈等多种样式，夸张的造型更增加了它的表现力。颜色也多种多样，加上金、银、珠宝各种材料搭配，使耳环的造型更加争奇斗艳。耳环造型如图 1-11 所示。

3. 耳坠

耳坠指带有下垂饰物的耳饰，是人们运用最早的耳部饰品。现代的耳坠样式繁多，或利落大方、或小巧可爱，可与脸型轻松自由地搭配，并无任何的限制，是所有耳饰中最保险的一种。耳坠造型如图 1-12 所示。

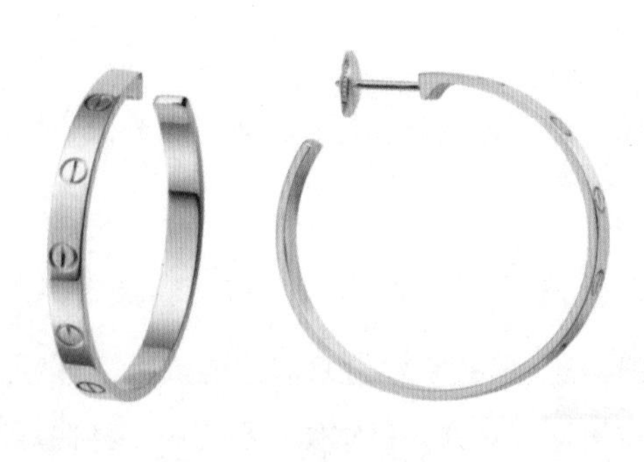

图 1-11 Love 耳环 / 卡地亚

图 1-12 耳坠造型 / 徐绮静

二、耳饰的美学原理和搭配法则

耳饰像其他首饰一样，都属于人类文化的符号体系。它会鲜明地表现出一个人的社会地位、文化水平、审美观和生活态度。所以，在生活中，选择耳环的式样和材质既要与自己的脸型、眼型、耳型和谐搭配，还要考虑衣服的样式、季节和环境。

1. 耳饰的美学原理

耳饰的佩戴位置很独特，也很醒目。虽然耳饰的体积很小，单独看上去并不起眼，但是当耳饰佩戴在耳垂上之后，旁人关注的第一焦点往往就会在人的脸部之外也将耳部加入其中。它可以通过长度、款式和形状的正确运用，来调节人们的视觉观感，达到美化形象和修饰脸部的目的。

在耳饰的设计过程中，同样离不开对形式美法则的理解和运用。比如，统一与变化是构成形式美法则中最基本，也是最重要的一条法则。两者之间的关系是相互对立又相互依存的，也是整体和局部的关系。在耳饰设计中既要追求款式、色彩的丰富性，又要防止各因素的无的放矢，从而显得杂乱无章，缺乏统一性。与此对应的，在追求秩序美感的同时，也要注意防止由于缺乏变化引起的呆板和单调。因此，学会在统一当中求变化，在变化当中求统一，才能使耳饰符合真正意义上的形式美，如图 1-13 所示。

图 1-13　彩虹色耳坠 / Uhana

2. 耳饰与脸型的搭配法则

一个好的耳饰可以对脸型起到很好的修饰作用，甚至成为一个造型中的点睛之笔。它不仅能让硬朗的方脸变柔情、让圆润脸显有致、让长脸变精致，还可以提升个人气质，体现不凡品位。

① 脸部偏圆的女性，可以通过佩戴长形、叶形、“之”形、水滴形的垂线型耳环等长款式的耳饰，使脸部显得更为修长，在视觉上产生椭圆形的美学效果，从而达到修饰脸部的效果。

② 脸型偏大的女性，切忌佩戴又圆又大的耳环，因为这样从视觉上会拉阔脸型。反而，应选择粗线条长款耳饰或三角形耳饰，以减小脸的宽阔感。

③脸型偏小的女性，不适合佩戴视觉上过重的耳饰，视觉上会使脸部有种喧宾夺主的感觉。

④ 瘦长形脸的人适合佩戴增加脸型宽度感的耳环，大方形及大圆形是比较理想的款式。耳环是圆形的或圆球形的耳饰，也比较适宜瘦长形脸的女性佩戴，可以将脸型衬托得较为圆润丰满。

⑤ 方形脸的女性适合佩戴流线感的长耳环，或弧线型、心形、花瓣型、弧度圆润的耳饰，以使脸型看上去柔美温婉一些。

总的来说，不同脸型的女性应该佩戴不同形状的耳饰，这样可以使耳饰与面部相互映衬。只有佩戴与脸型相适应的耳饰，才能使耳朵与其产生相得益彰的效果。

3. 耳饰与发型的搭配法则

① 对于大部分短发女人来说，极简风格耳环再适合不过，金属质感可以凸显女人的性感与可爱，如果所戴耳环、坠子与发梢同样长，则会影响美感。

② 长发女性的耳饰选择性比较多，尤其是佩戴造型性强的耳饰，更是出彩。比如毛茸茸的布织耳环，非常适合在秋冬季节佩戴。

③ 不对称的发型与不对称的耳饰搭配可使人赏心悦目。

④ 古典的发髻搭配吊坠式耳饰使人显得优雅高贵。

4. 耳饰与色彩的搭配法则

耳饰的色彩应与着装色彩相协调，同一色系的调配可产生出和谐的美感。反差比较大的色彩搭配要恰如其分，可使人充满动感。耳饰的色彩还应与肤色互相衬托，肤色较暗的人不宜佩戴过于明亮鲜艳的耳饰，可选择银白色，例如珍珠耳饰用来掩饰肤色的黯淡，而皮肤白嫩的女士适合佩戴鲜色或暗色系耳饰以衬托肤色的光彩。

5. 耳饰与气质的搭配法则

精致的女生们通常都比较重注个人的穿搭，往往一个小的细节更能体现出一个人的精致。如何选择适合的着装搭配适合的配饰，也是一门艺术。佩戴一款适合的耳饰会让整个人眼前一亮，增加很多分数值。

图 1-14　返璞归真耳饰 / 李绮茜

一般来讲，体积较大的耳饰比较感性，显得情调浓郁而富有浪漫气息，如图 1-14 所示。透明素净的耳饰，则可使人显得清秀脱俗，较适合文静型的、内秀型的女性佩戴。因此，在耳饰的佩戴与选择上应挑选能与自身的身份、气质相协调的配饰，才能起到锦上添花的视觉效果。

若无特殊要求，不宜同时戴过多的饰品，因为非但无法提升自身的品质，反而还会显得过分累赘、繁杂凌乱。夸张的几何图形、粗犷的木质耳环，或吉卜赛式的巨型圆环很有野性味道，与牛仔、夹克相匹配，可使人显得激情奔放，别有韵味；耳钉起到的点缀不是一种夸张感，但是它偏向沉稳，更适合办公室白领一族或者是简单出行，看起来更加的简单随性。此外，耳线更加适合高个子的女生，如果想把耳线搭配好看，可以搭配一条比较飘逸的长裙，更加凸显风格。

总之，佩戴耳饰是门艺术，根据自身的条件选择恰当的耳饰，可使人美而不媚、雅而不俗。

三、耳饰的设计与制作

由于时代的发展，饰品保值的功能已逐渐淡化，装饰美化成为了主要目的。最初的耳饰多用金、银、玉石或金银镶珠宝制成。如今，自然界的任何事物，一块石头、一片绿叶、一根羽毛……都是设计师灵感的源泉。材料上也由原来的贵重材料更多转变为合金、树脂、玻璃、木质、塑料等材质，在加工时也更具有灵活性和自由度，凸显出了张扬个性的 DIY 风潮。这类纯装饰意义的耳饰特别受到学生和刚步入社会的年轻人的青睐。结合本项目的学习任务和知识点，我们的课题练习设置为：以时尚或复古为主题，设计并制作一系列创意耳饰。

课题一

复古羽毛耳环

1. 理解课题

（1）如何理解本次设计主题？

每个民族都有其独有的文化及内涵，民族的设计是充满魅力的设计，而传统文化中聚集了民族的力量，是现代设计巨大的资源与宝库。传统文化是当代设计的艺术之源，无论是设计的形式或是设计的精神内核，传统文化都给予了现代设计师无穷的启示与帮助。而复古风格我们在前面的项目设计中已经分析过了，在这里就不再累述了。

因此，我们在本次复古羽毛耳环的设计中，将着重从传统服饰文化方面去展开思考和借鉴，并将传统的设计元素应用到本次项目产品的设计中。

（2）以什么样的形式和风格来表现本次主题？

在确定了从传统服饰文化出发进行借鉴后，我们初步设想是从非洲土著民族的传统服饰文化中寻找灵感，在设计样式和风格上尽量体现非洲土著民族的特点和特色。

在这里要特别强调的是：将传统元素与现代配饰结合不是简单机械的复制或照搬，而是需要将传统元素中的经典图形风格与饰品设计表达相结合，在设计的过程中着重思考如何将两者结合运用，以及选用何种方式进行表达。

（3）选择什么样的色彩搭配和情境应用？

配饰设计中能体现传统文化的视觉元素通常包括配饰的造型、纹样、色彩等方面，在色彩的选择和应用上应该尽量选择能够突出该民族鲜明的地域性与民族性的。非洲土著民族的传统服饰色彩鲜艳，常用的色彩有黄、白、红、蓝、黑等，形式丰富、夸张。因此，在这次的色彩搭配上将选用红或蓝等高纯色作为主要的色彩来表现，耳环的样式也会相对夸张。它主要适用在民族服饰的搭配中。

2. 市场调研与分析

针对本次设计项目的要求，我们对当下国内外配饰品牌进行了相关资料的收集和调研。尤其是对复古风格的耳环，无论是国际品牌还是新兴的潮流品牌，都经常将传统的元素作为设计核心。因此，在本次的项目设计中，我们将选取羽毛、小珠子、金属叶子等材料进行设计，希望通过材质的对比表现独特的设计理念。

3. 创意与构想

少数民族的传统服饰大多色彩鲜艳，并伴有图腾的装饰，因而更能彰显地域和文化特色。在本次耳环的设计中，将从民族服饰中找寻设计灵感。运用传统图腾与色相对比强烈的纯色调，再搭配羽毛和珠链作为个性化的点缀，带有复古印记的耳环便产生了。

概念方案：设计一款民族风的复古耳环，并以羽毛、小珠子、金属叶子等材料进行搭配来创造出复古的感觉。

4. 绘制草图和效果图

当有了基本的构思以后，我们就可以开始尝试绘制复古羽毛耳环的草图了，如图 1-15 所示。然后再根据本次项目设计的需要和主题要求，对完成的草图进行分析和修改，最后画出正稿效果图，如图 1-16 所示。

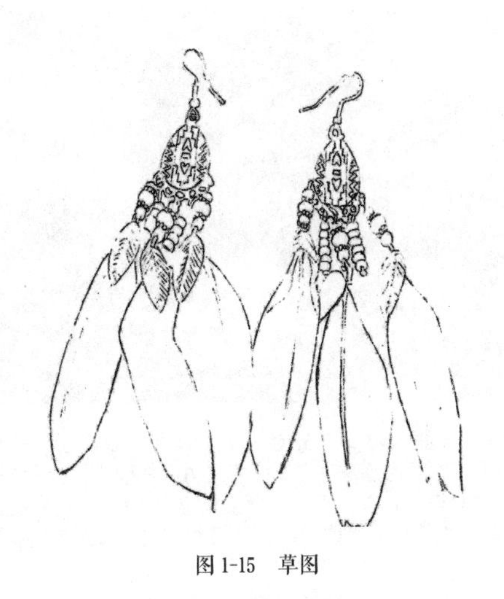
图 1-15　草图

图 1-16　效果图

5. 准备材料和工具

材料：耳钩、T 字针、九字针、水滴花纹吊坠、银色金属叶子、蓝色羽毛、红色羽毛、粉色羽毛、棕色小珠子、深蓝色小珠子、橙色小珠子、紫色小珠子、天蓝色小珠子、红色小珠子、小花圈

工具：圆嘴钳

6. 实践制作

经过前面的多番调查、论证、筛选、细化，定稿后，便可以进入具体的制作阶段了。

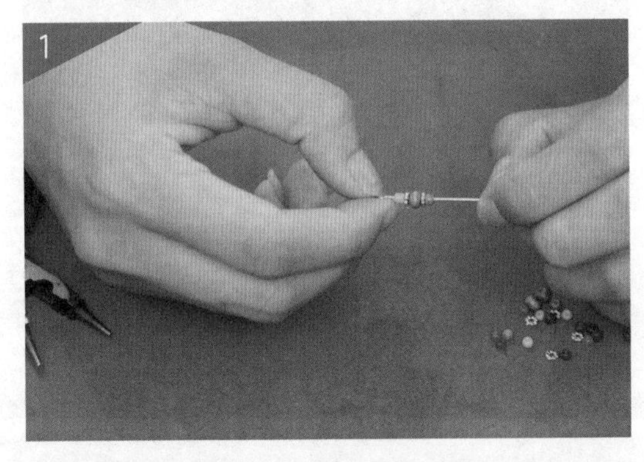
第一组用 1 根九字针首先穿进天蓝色小珠子，接着依次穿进 1 个小花圈、1 个棕色小珠子、1 个小花圈、1 个橙色小珠子，再用圆嘴钳剪掉九字针穿了小珠子和小花圈后多余的部分，最后用圆嘴钳把留下的部分折弯成半圈。

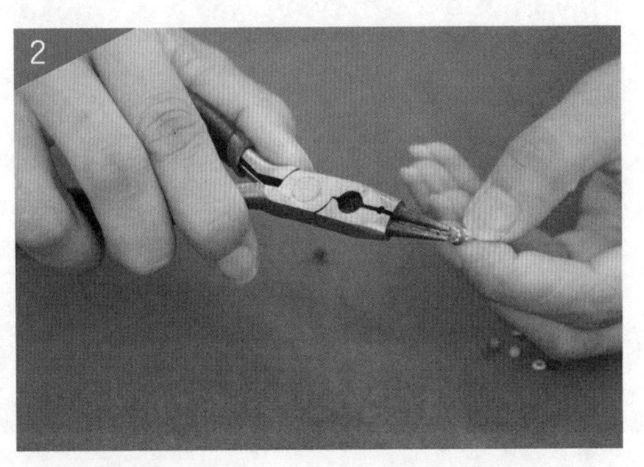
第二组用 1 根 T 字针首先穿进 2 个天蓝色小珠子，接着依次穿进 2 个红色小珠子、2 个紫色小珠子，再用圆嘴钳剪掉 T 字针穿了小珠子和小花圈后多余的部分，最后用圆嘴钳把留下的部分折弯成半圈。

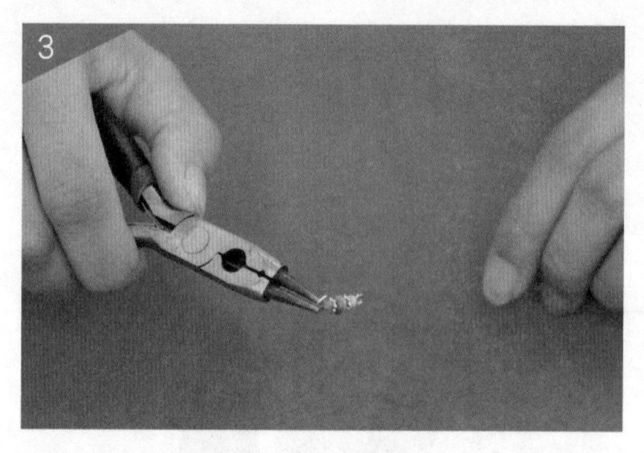

第三组用1根九字针首先穿进深蓝色小珠子，接着依次穿进1个小花圈、1个棕色小珠子、1个小花圈、1个红色小珠子，再用圆嘴钳剪掉九字针穿了小珠子和小花圈后的多余部分，最后用圆嘴钳把留下的部分折弯成半圈。

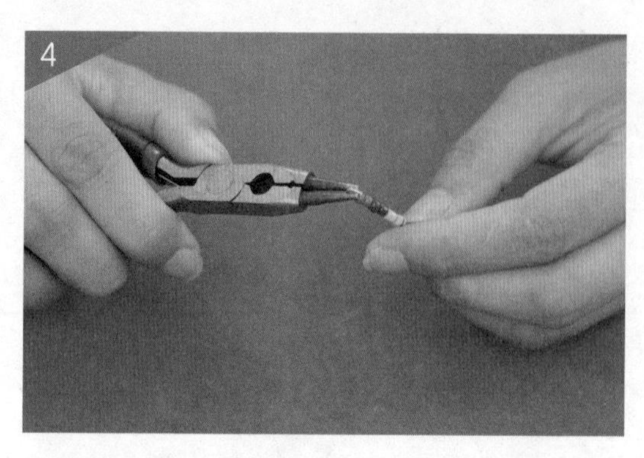

第四组用1根T字针首先穿进2个深蓝色小珠子，接着依次穿进2个橙色小珠子、2个红色小珠子，再用圆嘴钳剪掉T字针穿了小珠子和小花圈后的多余部分，最后用圆嘴钳把留下的部分折弯成半圈。第五组串珠也如此制作。

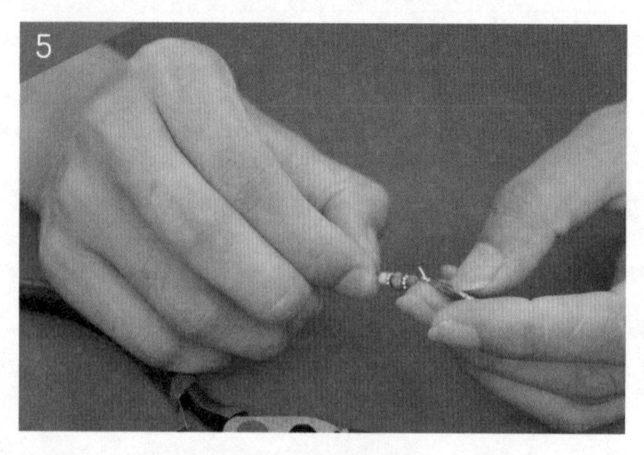

将第二、三、四组串珠分别穿在水滴花纹吊坠从右边数的第三、四、五个口里，把穿串珠用的T字针和九字针余下的部分先用圆嘴钳折弯成半圈，接着夹紧固定。

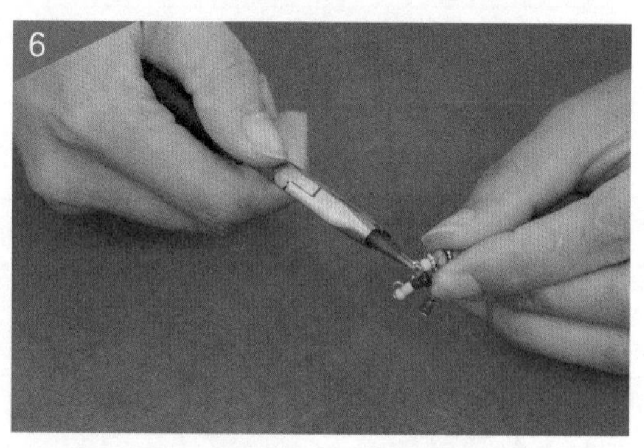

用圆嘴钳将第一组九字针拧开一个口，先将粉色羽毛穿进去，再穿上1片银色金属叶子，之后用圆嘴钳折弯一下，接着夹紧。分别将第三组、第五组的九字针拧开一个口依次将红色羽毛、蓝色羽毛穿进去再穿上1片银色金属叶子，之后用圆嘴钳折弯一下，接着夹紧固定。

用圆嘴钳将耳钩拧开一个口，把水滴花纹吊坠从上面的口穿进去；之后用圆嘴钳折弯一下，接着夹紧固定好。

一只民族风复古耳环制作完成。

课题二

可爱水果耳钉

1. 理解课题

（1）如何理解本次设计主题?

本次设计主题是可爱水果耳钉。“可爱”一词本身有讨人喜欢的意思。容易让人联想到青春、美好的事物。在这一次的练习中我们需要把握“可爱”主题灵感与视觉呈现之间的关系，最后通过视觉的呈现来表现本次设计主题。

（2）以什么样的形式和风格来表现本次主题?

点是一切形态的基础，更是设计中最活跃的元素。在配饰的造型当中，点的形态是非常多样化的。可以说，任何显著而集中的小的形态都可以看成点。樱桃在丰富多样的水果中以其小巧可爱、鲜红欲滴的造型和色彩特别讨人喜欢。在本次项目设计中，为了突出“可爱”这一设计主题，我们将采用樱桃造型的合金配件和点状形态的珍珠来进行主题表现。风格上突出活泼可爱的主题。

（3）选择什么样的色彩搭配和情境应用?

樱桃的色彩是纯度极高、热情奔放的红色，珍珠是纯洁无瑕的米白色。蓝绿色的亚克力水钻和樱桃的红色形成了强烈的对比，给人一种热情活泼又不失可爱的色彩印象。该耳钉主要适用在时尚类或服饰类的搭配中或杂志、T 台、街拍等场合。

2. 市场调研与分析

针对本次设计项目的要求，我们了解到市面上的耳钉样式繁多，通过不同的材质和色彩、造型等的塑造，迎合着不同消费群体的需求。我们本次的设计定位主要在于体现耳饰的优雅和装饰性，因此我们更趋向于选择在日常款式的基础上做精致的装饰与点缀，使其更符合本次设计主题。

此外，由于受众对象多数为年轻人，这一类产品在材料的选择上更多会选择合金或树脂、亚克力等材质代替贵金属或宝石，从而降低生产成本，以更易成为年轻人热衷的畅销产品。

3. 创意与构想

个性化设计的路线是未来的流行趋势，在自己所欣赏的审美基调中，加入当前的时尚元素融成为独特的个人饰品，是一件让人身心愉悦的事情。选用樱桃合金配件搭配白色珍珠，辨识度高且相当俏皮可爱。

概念方案：设计一款以可爱水果为主题的时尚耳钉。造型以点状形态为主，材料以合金为主，色彩则以红色、蓝绿色和米白色为主，旨在突出可爱这一主题。

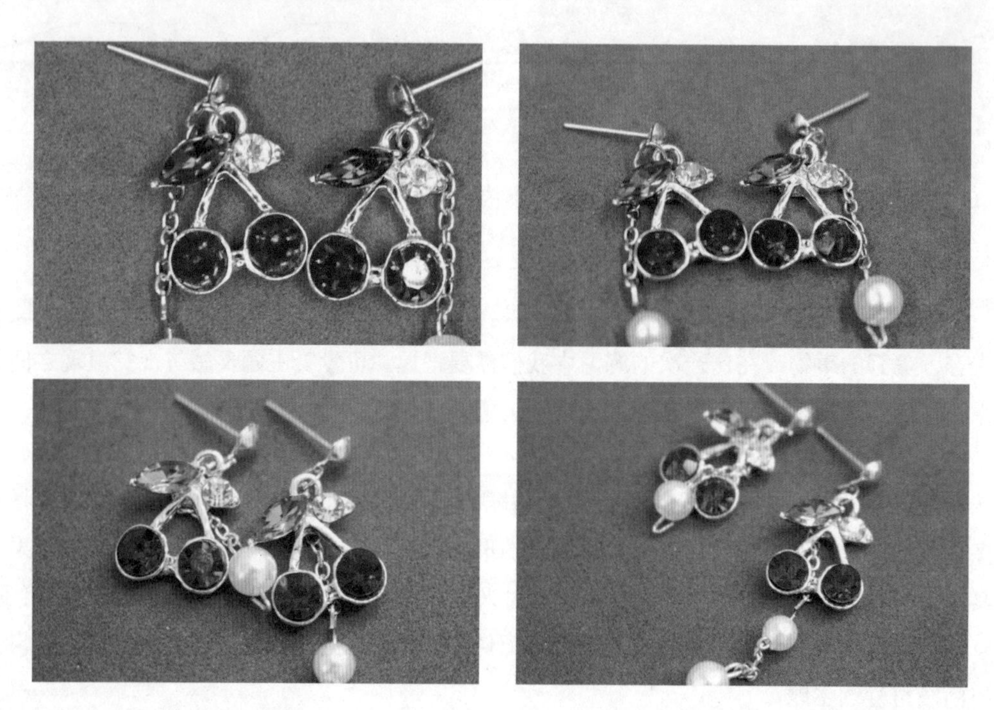

4. 绘制草图和效果图

当有了基本的构思以后，我们就可以开始尝试绘制可爱水果耳钉的草图了，如图 1-17 所示。然后再根据本次项目设计的需要和主题要求，对完成的草图进行分析和修改，最后画出正稿效果图，如图 1-18 所示。

图 1-17　草图

图 1-18　效果图

5. 准备材料和工具

材料：耳钉、银色合金樱桃、白色珍珠、银色链条、九字针、小圆圈

工具：圆嘴钳

可爱水果耳钉

6. 实践制作

经过前面的多番调查、论证、筛选、细化，定稿后，便可以进入具体的制作阶段了。

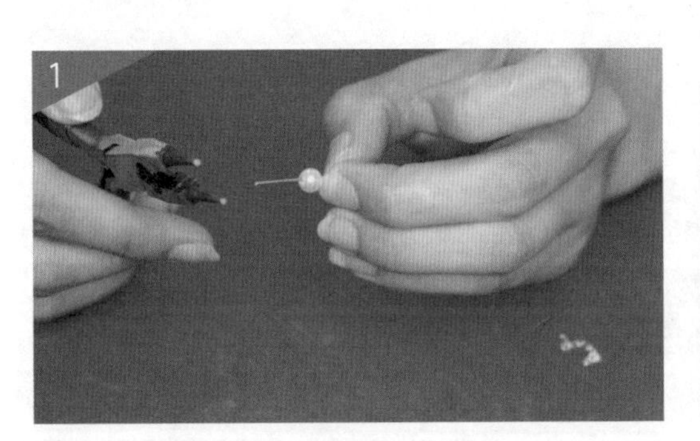

把珍珠穿进九字针里，然后用圆嘴钳在九字针的三分之一处剪断，再将穿过珍珠后露出的一端拧成弯钩。

把银色链条穿进拧成的弯钩中，继续使用圆嘴钳将这个弯钩拧至闭合状。

使用圆嘴钳从链条的一半处钳断。

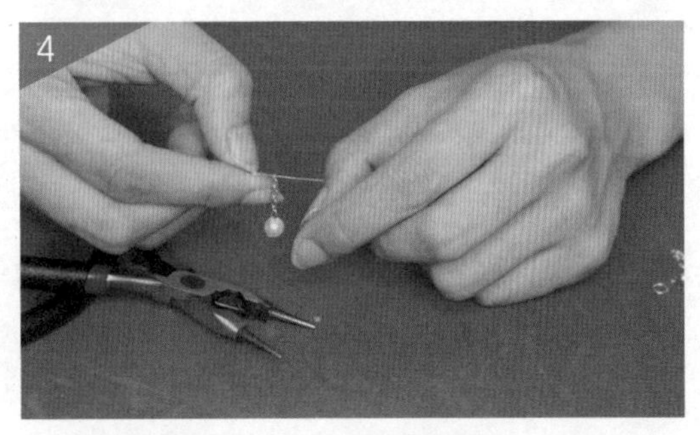

把第二颗珍珠穿进九字针里，然后用圆嘴钳在九字针的三分之一处剪断，再将九字针穿过珍珠后露出的一端拧成弯钩。

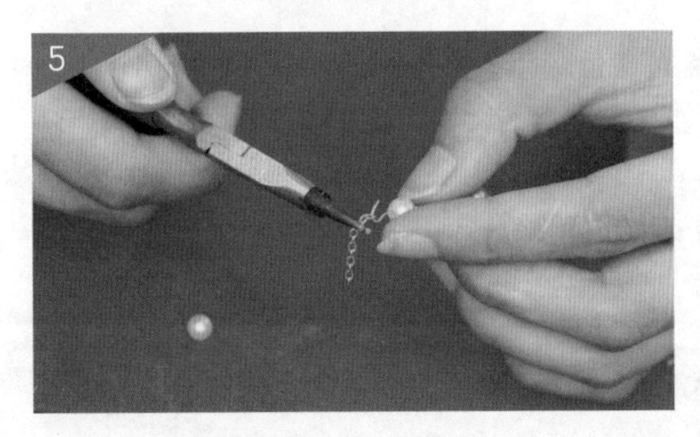

将第二枚九字针头部的小孔拧至开口状，然后把第二段银色链条穿入其中。接着再使用圆嘴钳将小孔夹紧固定。

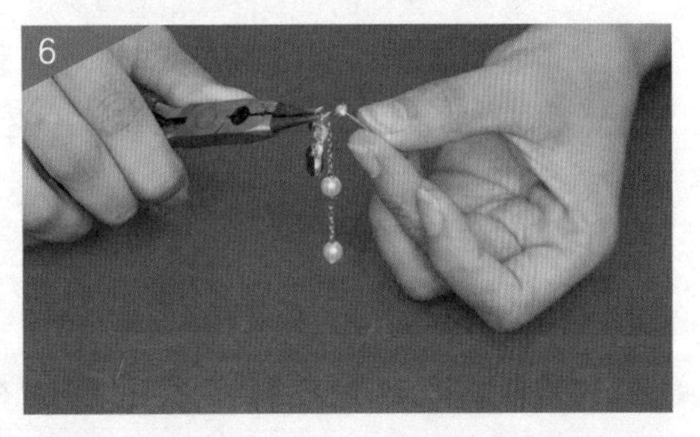

把小圆圈拧至开口状，穿入第二段链条末端，再把耳针和银色合金樱桃穿入小圆圈之中。最后使用圆嘴钳把小圆圈的开口拧至闭合状。一只可爱水果耳钉便完成了。按照上述步骤再制作出另一只耳钉。

一对可爱水果耳钉制作完成。

课题三

清新花瓣耳坠

1. 理解课题

（1）如何理解本次设计主题?

本次设计主题是清新花瓣耳坠。“清新”含有清爽、新鲜，新颖而不俗气的意思。那么，在设计形式、风格和色彩搭配上我们都应该突出这一设计主题。

（2）以什么样的形式和风格来表现本次主题?

为设计构思选定的表达形式是最重要的——这是因为它们将会传达出一件作品绝大部分的、最初的视觉冲击力。形式选用得当，就能够以微妙而显著的方式去改变一件配饰作品的语言。因此，我们在该项目设计上，将以花瓣的造型元素作为设计表达的主要形式，风格上仍突出清新作为重点所在。

（3）选择什么样的色彩搭配和情境应用?

“清新”容易让人联想到雨后的空气，给人的色彩印象是透明的或明亮的清透色系。因此，在这次的色彩选择上将以半透明的白色调作为主要的表达色彩。它主要适用于日常的服饰装扮和搭配。

2. 市场调研与分析

当前市面上的耳坠有各种各样不同的风格和材质，价格也参差不齐。针对本次设计项目的要求，我们经过了资料的收集和分析。确定了在材料上将选用当下比较流行的树脂材质。因为它质地轻盈，垂挂于耳上不易变形变色，再将其搭配以白色珍珠进行点缀，更显温柔和娇俏感，也能更好地突出我们的设计主题。

3. 创意与构想

当代的配饰设计有着前所未有的自由表现空间。选择花朵作为表现题材，意寓着青春、纯洁和希望。为了突出它的清新和淡雅，在色彩上我们选用了白色系，使之显得更加和谐，更加清爽。

概念方案：设计一款清新花瓣耳坠。该耳坠主要以花瓣形态进行表达，材料以树脂为主，色彩则以半透明的白色调为主，旨在突出清新、淡雅的装饰风格。

4. 绘制草图和效果图

当有了基本的构思以后，我们就可以开始尝试绘制清新花瓣耳坠的草图了，如图 1-19 所示。然后再根据本次项目设计的需要和主题要求，对完成的草图进行分析和修改，最后画出正稿效果图，如图 1-20 所示。

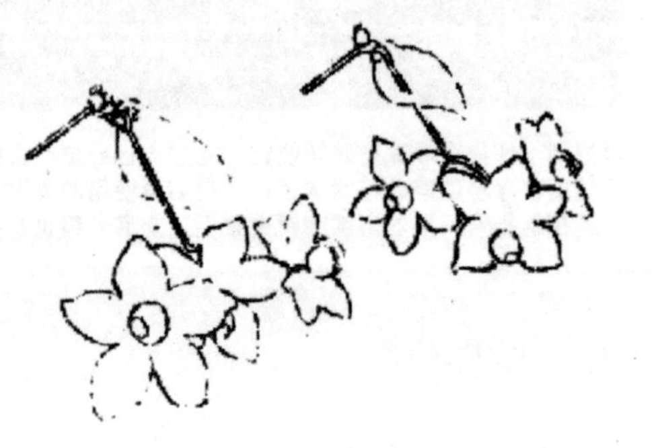

图 1-19　草图

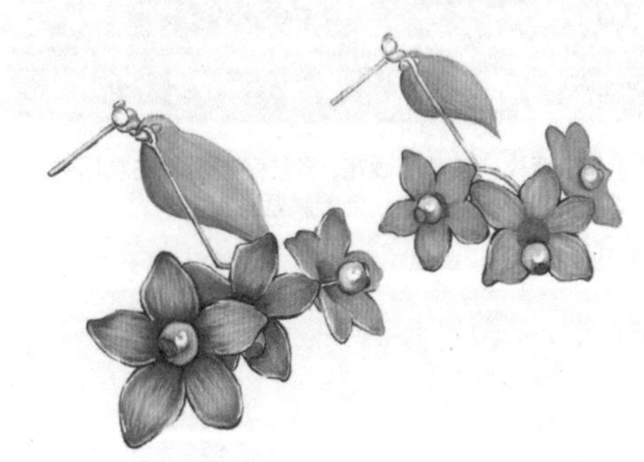

图 1-20　效果图

5. 准备材料和工具

材料：耳钉、磨砂五瓣花、磨砂一叶瓣花、白色珍珠、T字针、九字针、小圆圈

工具：圆嘴钳

6. 实践制作

经过前面的多番调查、论证、筛选、细化，定稿后，便可以进入具体的制作阶段了。

先把一颗珍珠穿进T字针，再穿入磨砂五瓣花，接着用圆嘴钳把珍珠外的T字针拧弯成半圆形。

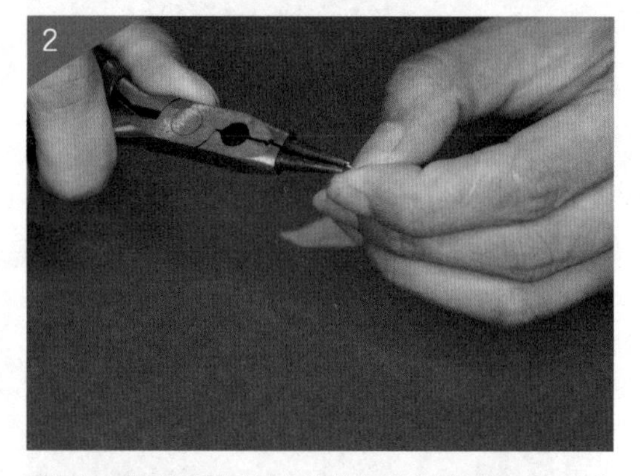

按照上一步骤的操作制作好六枚穿珍珠磨砂花即可，六枚穿珍珠磨砂花以三枚为一组。

一组中先取两枚穿珍珠磨砂花，将它们末端的钩互相勾上，然后使用圆嘴钳折弯一下，接着夹紧固定。

再把剩下那枚穿珍珠磨砂花的钩子也勾入已经成闭合状的另外两枚穿珍珠磨砂花的钩子中，最后再使用圆嘴钳将两个钩相继折弯，接着用圆嘴钳夹紧固定。另一组也是按同样步骤制作。

使用圆嘴钳把九字针顶端的小孔拧至开口状，将一组穿珍珠磨砂花末端闭合状的弯钩穿入其中。

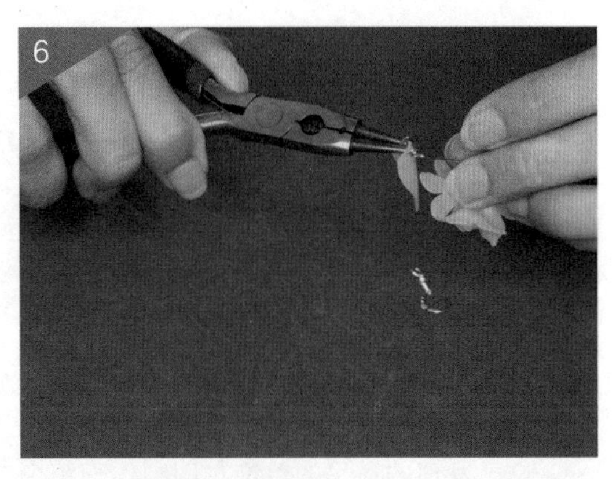

在一个小圆圈上穿入一片磨砂一叶瓣花，使用圆嘴钳将小圆圈拧至闭合状。

将穿进一片磨砂一叶瓣花的小圆圈穿入九字针末端的开口状小孔中，再把耳钉也穿入小孔中，最后再使用圆嘴钳相继把九字针末端的开口小孔、小圆圈都折弯成半圈。按照上述步骤再制作出另一只耳钉。

一对清新花瓣耳坠制作完成。

课题练习

结合点、线、面、体的基本造型元素，以时尚或复古为主题，设计并制作一系列创意耳饰。

知识应用与思政目标

能遵守项目设计程序和要求，理论联系实际，提炼设计概念，并将材料运用、工艺表现等融入到主题性的设计概念中。

任务三　颈饰的设计与制作

情景描述

迄今发现的最早的首饰实例制作于距今二三百万年前的旧石器时代。当时的人们已经会用一些动物的牙齿、贝壳、骨管、卵石、龟壳、珊瑚等简单的材料作出装饰人体的行为。当人们把这些简单的材料串起来挂在脖子上，一串项链就完成了(图 1-21)。

图 1-21　新石器时代贝壳项链

本任务着重介绍穿戴饰品中的颈饰，它是指悬挂在脖颈上的一种装饰品，用于修饰脸型、颈部和前胸，使佩戴者的整体外观更加完美。

一、颈饰的主要分类和应用特点

颈饰主要包括项链、项圈、长命锁、璎珞、丝巾和长毛衣链等。现代生活中最常见的是项链和项圈。

1. 项链

项链是颈饰中最常见的款式，项链是用金银、珠宝等材质制成的挂在颈上的链条形状的首饰，是人体的装饰品之一，也是最早出现的首饰，属于一种软颈饰。它通常是由珠、节、金属环连接而成的呈链状饰物。它基本的连接形式有环连式、珠连式、节连式等，如图 1-22。

图 1-22　肯尼亚桑布鲁部落族人的项链 / Mario Gerth

此外，为了迎合现代人的个性化审美需求，市面上的项链充斥着各种各样的材质和风格，如包金、塑料、皮革、玻璃、丝绳、木头、低熔合金等制成的项链，主要是为了搭配时装，强调个性化的新、奇、美等。

2. 项圈

项圈多为硬颈饰，我国西南地区的少数民族常用项圈来装饰胸颈，一般体积较大、用料较多，多采用纯银或者合金材料，由金属片、实心或空心管圈成，在设计上多采用花纹图案，或者加上可晃动的坠饰，引人注目，装饰效果强，具有浓厚的民族性和装饰性特征，但佩戴和携带都不太方便。图 1-23 中为常见项圈造型。

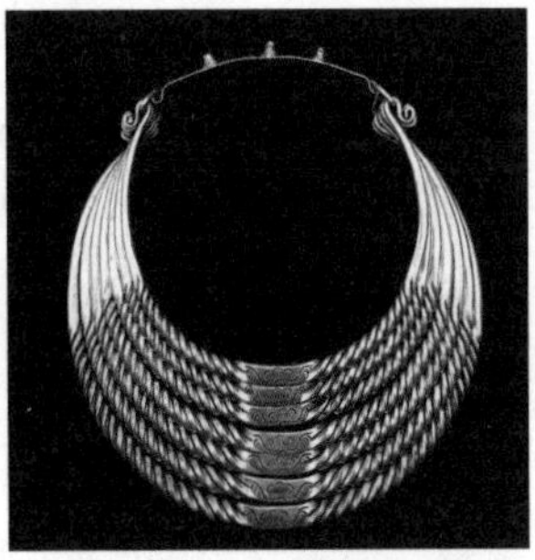

图 1-23　常见项圈造型

3. 长命锁

长命锁的前身是“长命缕”，大多是金属或金银做的饰物，呈古锁的样子，在明清时候特别流行。在民间，小孩子佩戴的长命锁也是一种颈部饰物。古人认为佩戴了长命锁即可驱邪避灾，锁住生命。所以小孩子在出生后百日或生日时就会挂上这种饰物。长命锁的材质通常为金银、玉石等，锁状造型，上面饰有吉祥纹样和吉祥用语。锁链多用红丝绳、金银链等，也有的是直接坠在金银项圈上，如图 1-24 所示。

4. 璎珞

璎珞造型复杂，是一种古代成年妇女的颈饰，它原本是印度佛像颈间的一种装饰。慢慢进入日常生活，成为中国女性日常的装饰物品。璎珞的上半部是一个金属项圈，四周垂系着许多珠宝玉石，有的款式会一直悬垂至腰部，甚至有的款式会和腰链结合起来，给人一种雍容华贵之感。图 1-25 是现代带有璎珞造型风格的颈饰。

二、颈饰的美学原理和搭配法则

1. 颈饰的美学原理

颈饰和其他艺术品一样不能用固定的公式来衡量，但这并不意味着就毫无标准可言。比如形式美法则，它是人类在创造美的过程中对美的形式规律的经验总结和抽象概括，是公认的美学原理。所以，颈饰无论从设计或搭配上一样也要遵循基本的美学原理。

因为颈饰不单单对脖子是一种装饰，它还能够对脸型起到一定的衬托作用，同时也会对

图 1-24　长命锁造型

图 1-25　璎珞造型风格的颈饰

视觉观感有很大影响。此外，颈饰的材料特性、造型以及色彩的协调性也影响着佩戴者脸部形象给观者带来的感觉。在颈饰设计中我们必然会接触到一些基本要素，如点、线、面、体、色彩等。每一种颈饰的造型都是由多种要素组合而成的。但这种组合不是杂乱无章的拼凑，而是在一定的基本原则指导下，形成有规律的递增或递减，从而创造出富有律动感的形象。图 1-26 中的浪花项链是以海水流动的曲线和起伏而形成的波纹圆线为主要元素进行设计和制作的，作品中带有一种现代的节奏感和流畅清新的韵律感。

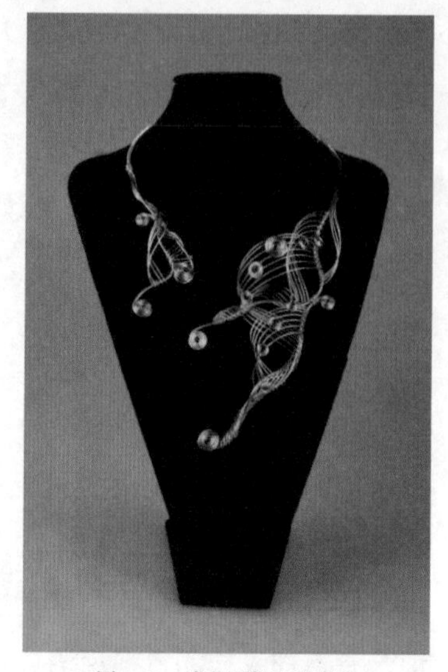

图 1-26　浪花项链 / 叶衔舟

2. 颈饰与体型的搭配法则

饰品是人体重要部位的点缀，购买饰品要考虑饰品的点、线、面与体型的关系。针对不同体型的人进行首饰搭配有一定的技巧，通过正确的首饰佩戴来平衡与协调人的身材，可以扬长避短、掩盖身材的不足之处。例如，高大体型的人可选金属质地的耳环，有厚重感，又或者质地轻薄但体积夸张的耳饰；身材矮小的人适用细小的项链，避免粗壮或长长的挂件。

3. 颈饰与脸型的搭配法则

（1）脸瘦、颈部细长

单串短项链适合脸部清瘦且颈部细长的女性，这样脸部就不会显得太瘦，视觉上颈部也不会显得太长了。切忌佩戴细长的项链，会使脖子看起来更加长。相反的，项链、项圈、双套式项链或粗短型项链可以使脸型产生一种圆满感。

（2）圆脸、颈部粗短

颈部修长的女性适合佩戴颈圈或者较宽大的项链，更显出颈部性感迷人。而粗短的颈部要避免粗壮夸张、复杂和颜色抢眼的款式，宜佩戴较长的项链或“V”字形的项链。因为直的线条可将观者的视线由上往下引，这样就可增加颈部的修长感。圆形脸的女性，应该尽量避免选择过于粗重的项链和吊坠，以免给人以“头重脚轻”的感觉。另外如果脸部线条分明的话不宜用圆形轮廓的款式。

（3）椭圆形脸

标准“鹅蛋脸”的女性可选择的吊坠款式比较广泛，但是注意不要选择过于成熟和夸张的样式。因为其本身的脸型就已经很完美，再加上优秀的气质以衬托，只需精致而小巧点缀即可。

（4）方形脸

方形脸不宜佩戴短项链。这样会使脸的方形更加突出。串珠项链最能缓和其脸型的方正线条，但珠形应避免菱形或方形。

（5）三角形脸和倒三角形脸

三角形脸的特征是额部窄小、下颌部宽大，适宜长项链。因为长项链佩戴后所形成的倒三角形态，有利于改变下颌给人带来的宽大的印象。倒三角形脸的特点是下颌尖瘦、额部宽大饱满。无论何种长短、粗细款式的项链都较为相宜。但要慎用带尖利形挂件的项链。

（6）长形脸

长脸的女性，尽量不要选择流线型的颈饰，避免产生进一步拉伸脸部线条的效果。应该尝试选择圆形或心形的配饰，更能凸显其高贵气质。

4. 颈饰与肤色的搭配法则

（1）肤色浅

因为项链是距离脸最近的装饰色彩，因此它的色彩会影响人的视觉，进而改变对脸部皮肤颜色的感觉。皮肤白皙的人有着得天独厚的优势，几乎任何颜色的项链都能够与脸部相协调。比如佩戴粉色的珍珠项链，让人看起来更加粉嫩，更加减龄，让女性更加自信迷人。如果想显得高雅，并有柔和、自然、含蓄的美感，可选择佩戴白金项链、珍珠项链等浅色调项链；如果佩戴琥珀、黑曜石、紫水晶、深色玛瑙等深色调项链，会将皮肤衬托得更加完美。

（2）肤色深

肤色较深者在佩戴项链时，要谨慎地选择。例如，在浅色项链的对比下，肤色会显得更深，所以一般不宜佩戴浅色调的项链。如果肤色偏黄的人不适合戴紫色和玫瑰色系的颈饰，会衬托得皮肤更暗哑。如果肤色为黑里透红，那么不要选择绿宝石、翡翠等绿色调项链，会使皮肤显得更红更黑。在大多数情况下，各种肤色都适合黄金、白金、钻石项链。

三、颈饰的设计与制作

现代颈饰的材料十分广泛，没有限定，除了传统的金属材料，宝石、玉石、贝壳、骨骼、丝绸、皮革、木材、纸张、陶瓷、塑料、线绳等非金属材料也可以用于制作颈饰。制作工艺已不再单纯拘泥于传统的失蜡浇铸及装饰雕琢等工艺，只要作品需要，设计师们可采用更多的工业加工方法，如车、铣、刨、磨、铆、钻、电镀、喷砂、腐蚀等进行制作；也可以选择在个人的工作室中以手工制作完成。通过用尖嘴钳、 圆嘴钳、剪刀、热熔胶枪等工具将各种装饰配件进行组合和搭配，使之呈现出意想不到的效果。

结合本项目的学习任务和知识点，我们的课题练习设置为：以古风和甜美为目标，设计并制作一系列颈饰。

课题一

古风流苏项圈

1. 理解课题

（1）如何理解本次设计主题?

古风的范围很广，随着人们对古代社会的深入探索，人们对古代社会的风俗、文学、思想、乐器、饰品、建筑等方面也表现出了极大的兴趣。“古风”就是这些因素的集合，它们既是古代人的影子，也是历史留下的时间缩影。而古风饰品作为独具韵味的存在，也越来越多受到人们的喜爱。

因此，我们在本次项目设计中，将紧扣“古风”这一中心思想去展开思考，并将具有古风韵味的设计元素应用到本次项目产品的设计中。

（2）以什么样的形式和风格来表现本次主题?

中国拥有辉煌的五千年历史，从汉唐直至清朝中叶都是世界上发达的国家之一，妆饰之异彩纷呈，更是令人目不暇接。项圈最早来源于古代印度佛像颈间的一种被叫作璎珞的装饰，唐代时，被爱美求新的女性所模仿和改进，变成了一种项饰。

在本次设计任务中，我们将借鉴传统的图腾和样式进行设计与表达，风格上尽量保有古风的韵味和特色。

（3）选择什么样的色彩搭配和情境应用?

色彩的选择和配比在设计的诸要素中是极为重要的。选择合适的色彩搭配和表达，能更好地呼应设计主题，并吸引消费者的目光。传统项圈的色彩不外乎金色、银色、古铜色等金属色，再搭配各种色彩鲜艳的宝石，为了更好地突出设计主题，在本项目的设计中，我们对色彩的选择将遵循“古风”韵味的色系进行搭配。

此类别的项圈多数用在传统古风服饰的穿搭和拍摄中。

2. 市场调研与分析

针对本次设计项目的要求，我们对古风饰品进行了相关的调研和分析。发现璎珞和项圈经常被混淆，但这两者是有区别的。比如，就繁复华丽的程度而言，项圈相对比较简约，一般是用金、银、铜等金属制成的素圈；而璎珞是以项圈或项链为基础，在上面悬挂各种珍宝和串饰，更为华贵。我们此次设计的流苏项圈既融合了璎珞的装饰元素在其中，又赋予了它在设计上的创新和突破。

3. 创意与构想

为了突出古风的独特韵味，我们将在项圈的基础上结合中国传统的图腾——凤凰、平安锁元素等进行搭配，再辅以琉璃珠或水晶珠进行装饰，使古风的特色更加突出、鲜明。

概念方案：设计一款古风的流苏项圈，并以项圈、景泰蓝凤凰合金滴油饰品、平安锁、水晶珠、琉璃珠、珍珠等材料进行搭配创造出具有古风韵味的感觉。它主要用于搭配古风韵味的服装或场景。

4. 绘制草图和效果图

当有了基本的构思以后，我们就可以开始尝试绘制古风流苏项圈的草图了，如图 1-27 所示。然后再根据本次项目设计的需要和主题要求，对完成的草图进行分析和修改，最后画出正稿效果图，如图 1-28 所示。

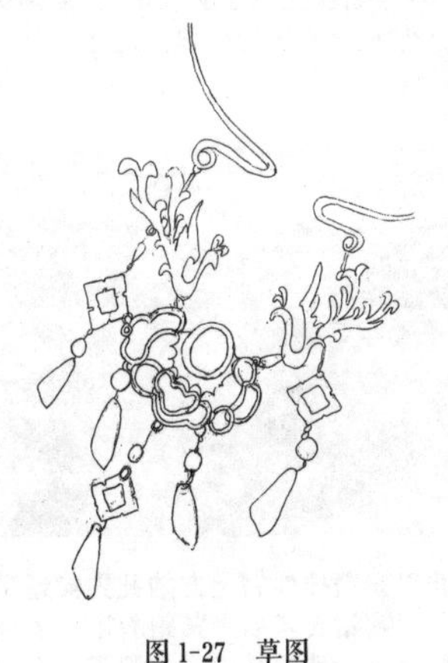

图 1-27　草图

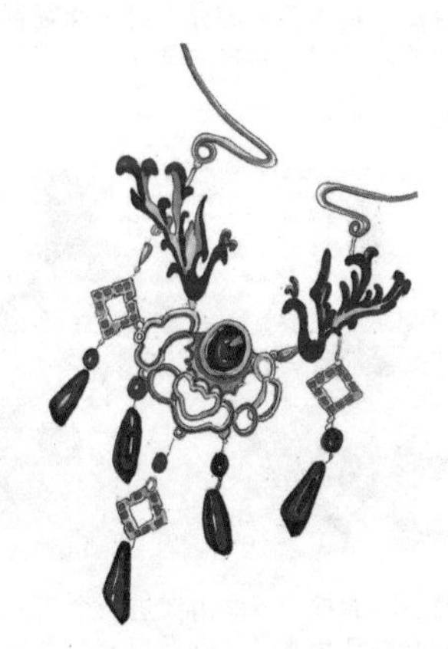

图 1-28　效果图

5. 准备材料和工具

材料：项圈、景泰蓝凤凰合金滴油饰品、正方形合金、多孔平安锁挂件、水滴红色水晶珠、红色琉璃珠、米粒珍珠、2 个链接扣、T 字针、九字针、小圆圈

工具：尖嘴钳、圆嘴钳

复古流苏项圈

6. 实践制作

经过前面的多番调查、论证、筛选、细化，定稿后，便可以进入具体的制作阶段了。

用圆嘴钳先将小圆圈的开口处拧开，再穿进链接扣和 1 个景泰蓝凤凰合金滴油饰品尾巴上面的小圆圈里，接着用圆嘴钳夹紧。另外一个也进行同样的操作。

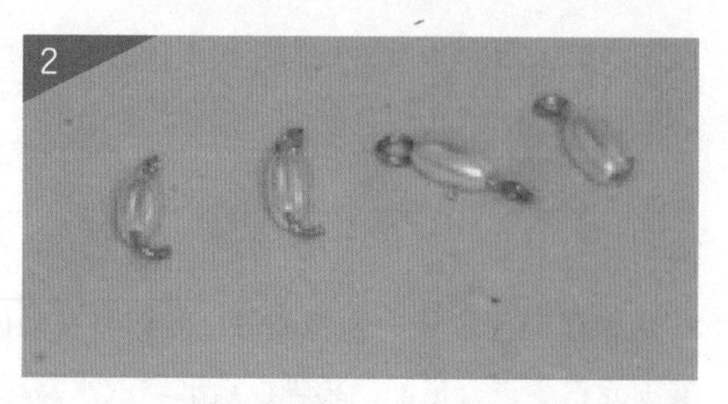

用 1 根九字针穿进 1 颗米粒珍珠，然后用圆嘴钳剪掉从米粒珍珠中穿出一端的多余部分，之后用圆嘴钳将这一端剩下的部分拧成半圈。用同样的方法做 4 个九字针的米粒珍珠。

用一根 T 字针穿进一颗水滴红色水晶珠，然后用圆嘴钳剪掉从水晶珠穿出一端的多余部分，再用圆嘴钳将这一端留下的部分拧一圈。以同样的方法做 5 个 T 字针水滴红色水晶珠。

用穿好一个红色琉璃珠的九字针上的钩，穿进一个穿好水滴红色水晶珠 T 字针头上的小圆圈里，接着用圆嘴钳夹紧。以同样的方法做 5 个这样的串珠。这样所有的琉璃珠水晶珠串珠就完成啦。

用圆嘴钳先将小圆圈拧一下，再穿进一个正方形合金的角和一颗 T 字针水滴红色水晶，然后用一个九字针红色琉璃珠上的钩穿进去，用圆嘴钳先将小圆圈拧开，再穿进一个景泰蓝凤凰合金滴油饰品中间位置下面的小圆圈里和一组合金琉璃珠组合在一起。

另外一边多孔平安锁挂件右上方的孔先穿过穿了米粒珍珠的九字针，用圆嘴钳夹紧后，紧跟着用穿了米粒珍珠的九字针再穿进凤凰合金珠组合中凤凰脖子下面的圆圈，接着用圆嘴钳夹紧。这样就完成了凤凰合金平安锁组合。

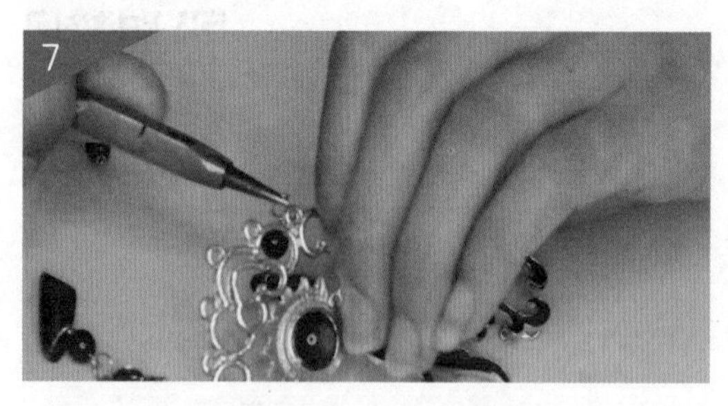

用圆嘴钳先将小圆圈拧开，再将琉璃珠水晶珠串珠分别穿在多孔平安锁挂件的右边第二个孔和左边的第一个孔里，接着用圆嘴钳夹紧。以同样的操作将一组合金琉璃珠组合穿在多孔平安锁挂件中间位置下方的孔里。

最后将两个景泰蓝凤凰的链接扣分别扣在项圈开口下方的两个小圆圈上。这样古风流苏项圈就完成了。

课题二

甜美珍珠颈链

1. 理解课题

（1）如何理解本次设计主题？

“甜美”含有秀美迷人之意，它会在不知不觉间让人为之着迷、愉悦。那么，如何在设计过程中突出“甜美”的气质就是本项目设计的重点了。我们不妨借用头脑风暴的方式，对这一词汇展开发散性思维，如图 1-29 所示。

通过头脑风暴，我们把具有闪光点的词汇圈出来，它们将串接起我们整个设计的主线。

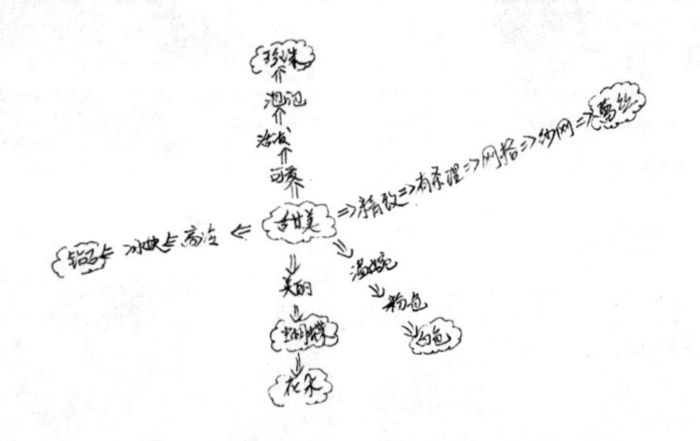

图 1-29　对“甜美”进行头脑风暴的文字架构图

（2）以什么样的形式和风格来表现本次主题？

对于“甜美”这个关键词的精准定位与表达，没什么是能比“蝴蝶”和“花朵”更能演绎其中的真谛了。在颈链的设计上，由于这些甜美元素的加入，更是起到完美的装饰效果。此外，珍珠素来给人高雅柔美的感觉，它也是我们本次设计重点考量的要素之一。

（3）选择什么样的色彩搭配和情境应用？

根据此次设计项目的主题要求，我们主要从色彩的视觉效应和心理效应两方面进行考虑，选择了象征纯洁、柔美的白色和半透明的色调作为主色调，从而强化对设计主题的表达。此类别的颈链多数应用于柔美优雅的服饰搭配和拍摄中。

2. 市场调研与分析

通过调研，我们发现：近年来蝴蝶元素在服饰上的应用相当多样化。各种服饰单品，不管是衣服或是一件小小的配饰，加入了蝴蝶元素瞬间就变得甜美优雅起来。材料上，蕾丝无疑是性感与甜美的混搭，更是 T 台和街头时尚的宠儿。将其和蝴蝶元素进行搭配，更多了几分小女生的可爱和柔美，因此，它便是我们本次主题设计的不二选项。

3. 创意与构想

甜美风格的饰品可以适应大多数年轻女孩的穿衣风格，并不会因为场合、季节而有所局限。设计师在造型上运用了点、线、面的元素和花朵、蝴蝶等形态进行设计，在材质上则采用了蕾丝、珍珠和金属链条等进行表达，一款甜美又不失现代感的饰品也就应运而生了。

概念方案：设计一款以甜美风格为主题的珍珠颈链，并以蕾丝和蝴蝶元素进行搭配来创造出甜美优雅的感觉，材料主要为蕾丝、珍珠等。

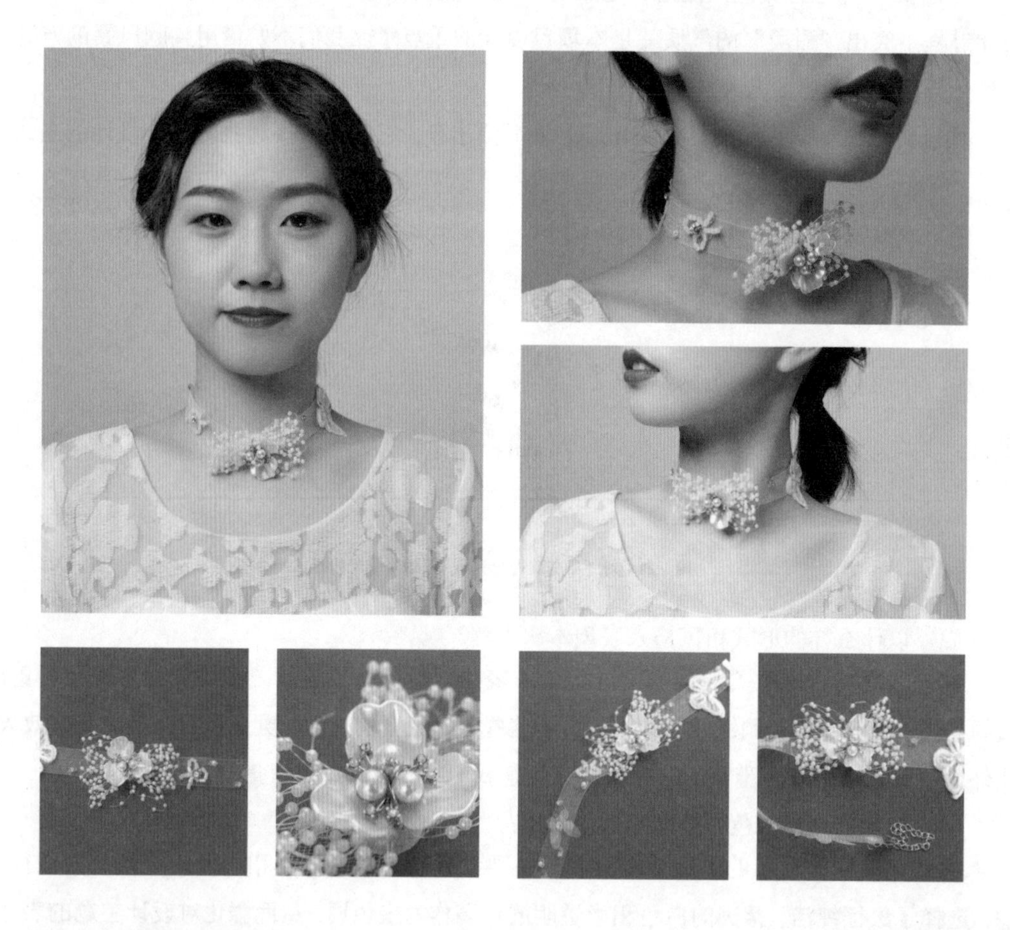

4. 绘制草图和效果图

当有了基本的构思以后，我们就可以开始尝试绘制甜美珍珠颈链的草图了，如图 1-30 所示。然后再根据本次项目设计的需要和主题要求，对完成的草图进行分析和修改，最后画出正稿效果图，如图 1-31 所示。

图 1-30　草图

图 1-31　效果图

5. 准备材料和工具

材料：15 厘米的蕾丝边、5 厘米链条、小圆圈、装饰蝴蝶、圆形贝壳片、贝壳花瓣、珠串、细铜丝、菱形水钻、珍珠花芯、链条夹、圆管状白色珠子、小珍珠

工具：圆嘴钳、镊子、B7000 手工胶

甜美珍珠项链

6. 实践制作

经过前面的多番调查、论证、筛选、细化，定稿后，便可以进入具体的制作阶段了。

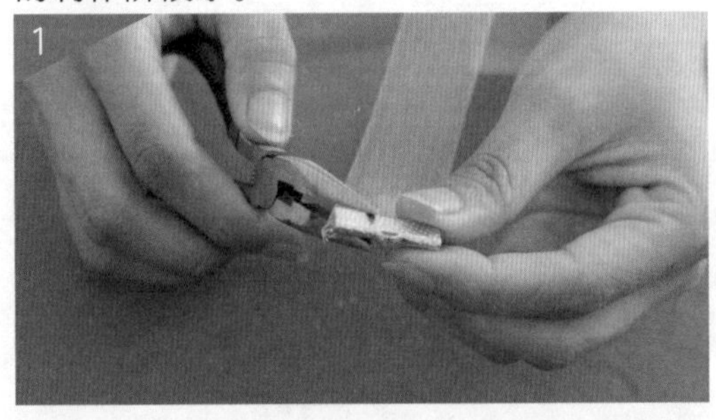

将热熔胶加热一分钟后，挤压出液体热熔胶将其涂抹至蕾丝边的头部。接着将蕾丝边头部放置入链条夹中间的缝隙中，然后使用圆嘴钳将链条扣与蕾丝边的头部压紧夹牢。

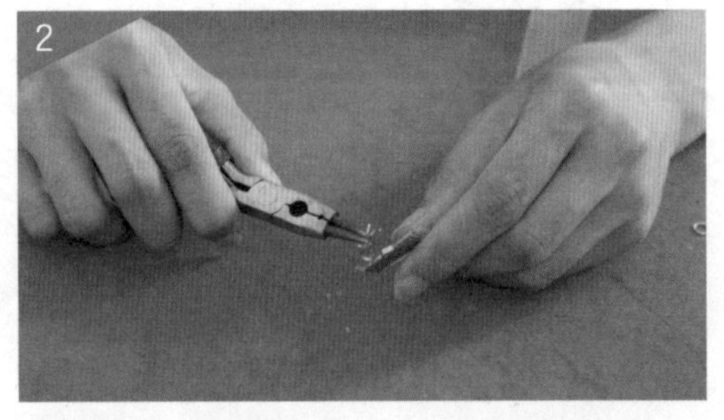

用热熔胶枪挤压出液体热熔胶，将其涂抹至蕾丝边剩余另一半的头部。用圆嘴钳将小圆圈拧至开口状，并将其穿入链条扣上的小孔。

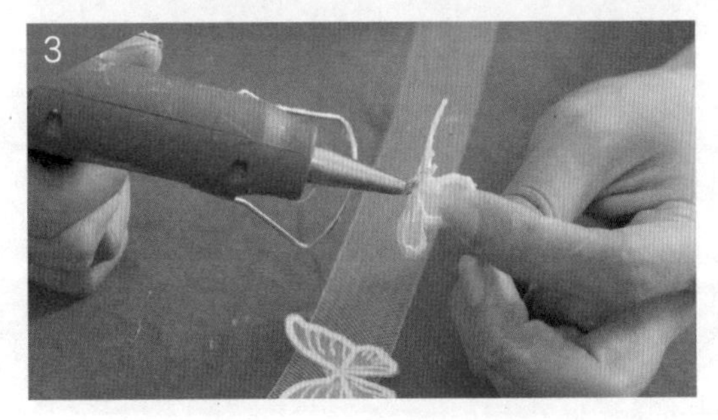

将热熔胶枪加热一分钟后，挤压出液体热熔胶涂抹至蝴蝶中间。然后将蝴蝶粘贴在蕾丝边的边缘处，作为点缀。

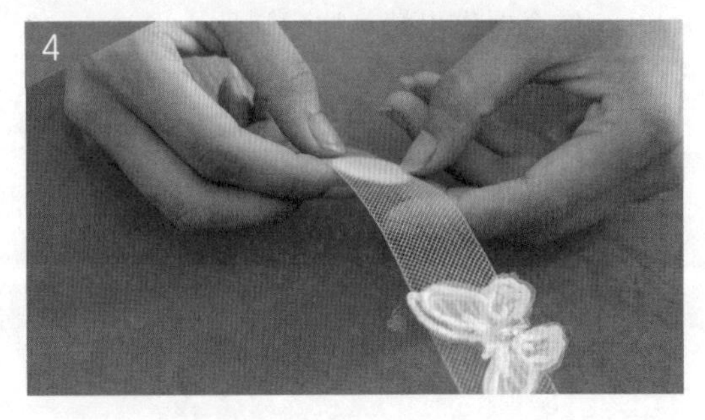

用热熔胶枪挤压出液体热熔胶，然后将其涂抹在圆形贝壳片的背面。接着把贝壳片粘贴在蕾丝边的中间处。

用圆嘴钳剪下一段长 30 厘米的细铜丝。用细铜丝将贝壳花瓣和珍珠花芯缠绕绑紧，然后再用细铜丝将已经绑好的贝壳花缠绕在珠串上。

将热熔胶枪加热一分钟后，挤压出液体热熔胶涂抹在圆形贝壳片处。然后将贝壳花粘贴至此处。

将 B7000 手工胶水涂抹至菱形水钻的背部，水钻、圆管状白色珠子和小珍珠分别被镊子夹取，并按照图稿上的样式粘贴在蕾丝带上。

甜美珍珠颈链制作完成。

课题练习

结合点、线、面、体的基本造型元素，以古风或甜美为主题，设计并制作一系列颈饰。

知识应用与思政目标

学会融入对传统文化的借鉴和创新，将传统文化中的纹样形态与现代流行材料相结合创作出精美的配饰品。

任务四　手饰的设计与制作

情景描述

手饰是灵感与艺术的结晶。古诗有云：“十指纤纤如嫩笋，善抚琴瑟有文章。”拥有一双细致无瑕的手，能够让女人的美多姿起来，妩媚起来。而今，于手的美化更成为现代女性完善自我形象、表现自我魅力的必须。伴随科技的进步，手饰风情被善做文章的人们发挥到了极致（如图1-32所示）。它将民族的文化、古老的传说，以巧夺天工的技艺，打造成了一种流动的美，赋予人自信，并跃然于指尖。

图1-32　戒指 / 荷尔佛里德·考德雷

一、手饰的主要分类和应用特点

手饰是指带在手上的装饰品。它主要是根据配饰装饰人体的部分来进行划分的。从功能和用途上分，手饰的种类主要有手镯、戒指、臂环等。

1. 手镯

手镯是一种戴在腕部的装饰品，它包括手环、手链。一般是由金属、骨制品、宝石、塑料及皮革等制成。手镯根据取材不同大致可分为以下几种：

（1）金属手镯

金属手镯是由金、白金、亚金、银、铜等制成（图1-33）。有链式、套环式、编结式、连杆式、光杆式、雕刻式、螺旋式、响铃式等。

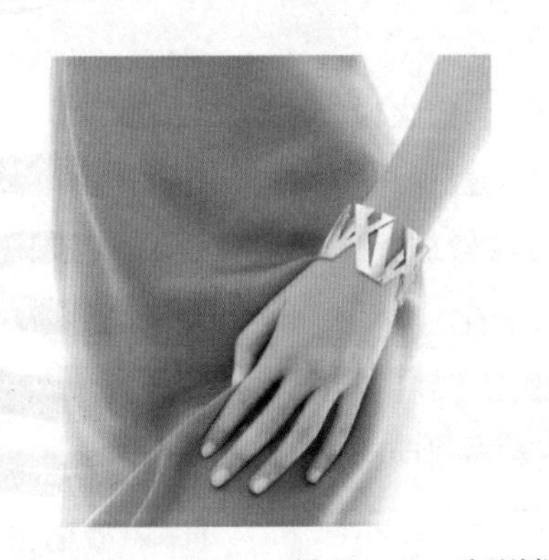

图1-33　Atlas系列纯银中号宽式开口手镯 / Tiffany

（2）镶嵌手镯

镶嵌手镯是在金属或非金属的环上镶嵌钻石、红宝石、蓝宝石、珍珠等加工而成。

（3）非金属手镯

非金属手镯是由象牙、玛瑙、贝壳、珐琅、景泰蓝等雕琢而成。

手镯的作用大体有两个方面：一是显示身份，突出个性；二是美化手腕。据有关文献记载，古代男女皆可戴手镯，女性作为已婚的象征，男性作为身份或工作性质的标志。佩戴方法也比较随意，既可套于左腕，也可套于右腕， 两腕都套也可。到了近现代，手镯的款式随着材料和制作工艺不断推陈出新，造型更加千变万化，并成为现代生活中必不可少的重要装饰元素。

2. 戒指

戒指是套在手指上的环形装饰物，原称指环，又称约指、代指等。追溯历史，在古希腊的神话中，就已出现“戒指”一词，它被人们看作是内部潜藏着非凡与神秘能量的物件，曾是护身符和王权的象征。

图 1-34　Tiffany Setting 钻戒 / Tiffany

戒指除对手指起装饰作用外，主要是用作定情之物。大家知道，现代欧美人结婚时一个必不可缺的程序，就是新郎将结婚戒指戴于新娘手上，以示自己对新娘热烈的爱情。

在我国，大约距今 4000 多年前就已有人佩戴戒指。到秦汉时期，妇女佩戴戒指已很普遍。东汉时期，民间已将戒指作为定情之物，青年男女往往以赠送指环表达爱慕之情。

图 1-34 是为世人所熟知的 Tiffany Setting 钻戒。它于 135 年前首次面世，是世界上最具标志意义的订婚钻戒。它被誉为“钻戒中的钻戒”，是钻戒中最光彩夺目，也是最美轮美奂的一款。它的六爪铂金设计将钻石高高托起在戒环之上，最大限度衬托出钻石，使其光芒得以全方位折射。“六爪镶嵌法”面世后，立刻成为订婚钻戒镶嵌的国际标准。

图 1-35　宽环式臂环 / 陈栩嫒

3. 臂环

臂环又叫臂钏，是一种套在上臂的环形首饰。一般来说，一圈为镯，多圈为钏。手镯主要用来装饰腕部，而臂钏起初是臂饰的一种，也称为“跳脱”。西汉之后，佩戴臂环之风盛行，隋唐以后装饰位置逐渐下移，造型也逐渐简化。

臂环的样式很多，有自由伸缩型的，可以根据手臂的粗细调节环的大小。材质亦非常之多，常见的有金属和布料两种，它的形式有宽环式和螺旋式两大类，如图 1-35、图 1-36 所示。

图 1-36　螺旋式臂环 / 陈栩嫒

臂环并非一般人都可佩戴，它对佩戴者手臂的要求非常高，特别适合于上臂滚圆修长的女性，能够表现女性上臂丰满浑圆的魅力。手臂过细的人也是不宜佩戴臂环的，原因自然是其过于纤细，无法驾驭臂环。

二、手饰的美学原理和搭配法则

1. 手饰的美学原理

迪奥的时尚笔记中谈道："配饰对衣着光鲜的女人极为重要。买衣服的钱越少，花在配饰上的心思就得越多。同一件衣服，搭配不同的饰物能让你焕然一新。"可见配饰在日常装扮上的重要作用。而手饰作为配饰中的重要存在，设计出优美的手饰，将成为塑造个性风格的点睛之物。

在手饰造型设计中需要考虑的因素有很多，比如粗与细、大与小、虚与实、明与暗、轻与重、粗糙与光洁的运用。又比如线的对比，曲线与直线、粗线与细线形成对比，明暗和色彩上的反差形成的对比以及材质的对比与调和等。在设计的过程中只有对这些美学原理及基本要素熟练掌握，并能够将之灵活而巧妙地糅合进自己所构思的手饰造型中去，才能使形式服务于内容并使两者达到完美的统一。

2. 手饰的搭配法则

（1）手饰佩戴应该做减法

戴手饰时数量上的规则是以少为佳。手饰是为了对女人的气质起到画龙点睛的作用而佩戴的，因此不要把项链、耳环、手链、戒指、发饰等各种类型的饰品全戴在身上。若有意同时佩戴多种饰品，其上限一般为三种。多了则会给人一种负担感，看起来比较杂乱。

（2）手饰要为体型扬长避短

选择手饰时要选择跟手臂或手部形态相合的，这样才能够让佩戴的手饰为自己扬长避短。就像选择项链，圆脸的人最好选择长款项链，避免选择短款并且复杂样式的项链，做到取长补短以实现佩戴饰品的点睛作用。

（3）手饰要与服饰相协调

生活中很多人在佩戴饰品时总是会选择自己最中意的、最喜欢的饰品，无论穿着的是什么样式的服装都佩戴，这样其实是不对的。佩戴饰品应视为服装整体上的一个环节，要同时兼顾穿着服装的质地、色彩、款式，并努力使之在搭配风格上相互般配。所以要注意，宁可不戴也不要因为一时的喜欢，就破坏整体的美感。

戴手饰时色彩的规则是力求同色。若同时佩戴两件或两件以上的手饰，其色彩应一致。戴镶嵌手饰时，应使其主色调保持一致。切忌戴多种且色彩斑斓的手饰，佩戴饰品是为了起到装点的作用而不是为了喧宾夺主，搭配上要主次分明。

三、手饰的设计与制作

本项目的目的是介绍手饰的设计与手工制作方法，机械流水线生产的手饰不在此列。其主要工艺包括：拧、涂、黏、按压、粘贴等，通过用钳子、热熔胶枪、镊子等工具将各种装饰配件进行组合和搭配，形成具有装饰美感和创意的手饰，满足人们追求时尚的心理，使之成为配饰中的视觉亮点。

结合本项目的学习任务和知识点，我们的课题练习设置为：以梦幻和甜美为主题，设计并制作一款时尚手饰。

课题一

梦幻花形戒指

1. 理解课题

（1）如何理解本次设计主题？

“梦幻”指如梦的幻境，它比美更令人沉醉。如何演绎好这一主题，将是我们接下来要思考的重点。我们不妨借用头脑风暴的方式，对这一词汇展开发散性思维，如图1-37所示。通过头脑风暴，我们把具有闪光点的词汇圈出来，它们将串接起我们整个设计的主线。

（2）以什么样的形式和风格来表现本次主题？

对于“梦幻”这个主题的定位与表达，我们可以从上面的头脑风暴文字架构图中筛选出符合表达这一主题的相关词汇。它们分别是“花朵”“朦胧”“磨砂”“戒指”“珍珠”“白色”和“清透色系”。由此，我们可以大致勾勒出设计目标的基本形态和风格，并在此基础上进一步思考和探索。

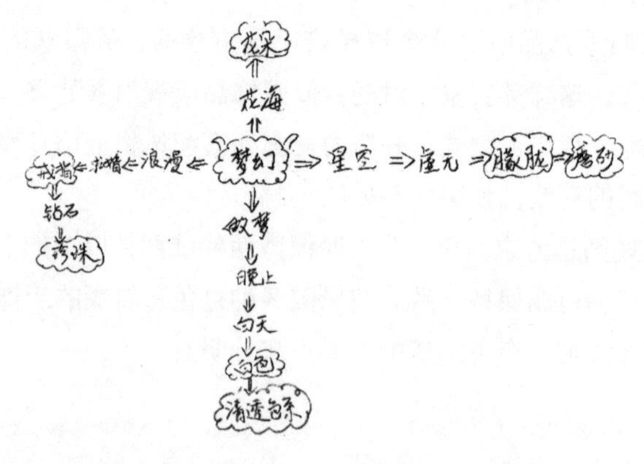

图1-37　对“梦幻”进行头脑风暴的文字架构图

（3）选择什么样的色彩搭配和情境应用?

梦幻本身就带有虚幻之意。它容易让人联想到朦胧、半透明之类的清透色系。因此，我们在色彩的选择上将更多考虑选择清透色系的色彩搭配，以用来营造浪漫、柔美风格的装扮。

2. 市场调研与分析

针对本次设计项目的要求，我们对当下国内外配饰品牌进行了相关资料的收集和调研。通过调研，我们不难发现：梦幻风格的饰品有其较为稳定的一个受众群，年轻女性更为推崇这种风格。许多国内外知名设计师都曾经将这一主题通过有趣的设计方法来进行过表达，并借助形态、质感、色彩等唤醒沉淀在人们心底对美好的憧憬。

结合前面对设计主题的思考和分析，我们初步确定以花的形态来表达这次的设计主题。在材料的选择上则是以欧根纱作为主体材质，营造出梦幻朦胧的感觉。

3. 创意与构想

当代的配饰设计有着前所未有的自由表现空间。设计师选择花朵作为表现题材，寓意着青春、纯洁和希望。用错落叠加的欧根纱花片，营造出梦幻朦胧的感觉。

概念方案：设计一款梦幻花形戒指，并以欧根纱、树脂花朵、珍珠等材料进行搭配，突出梦幻的感觉。

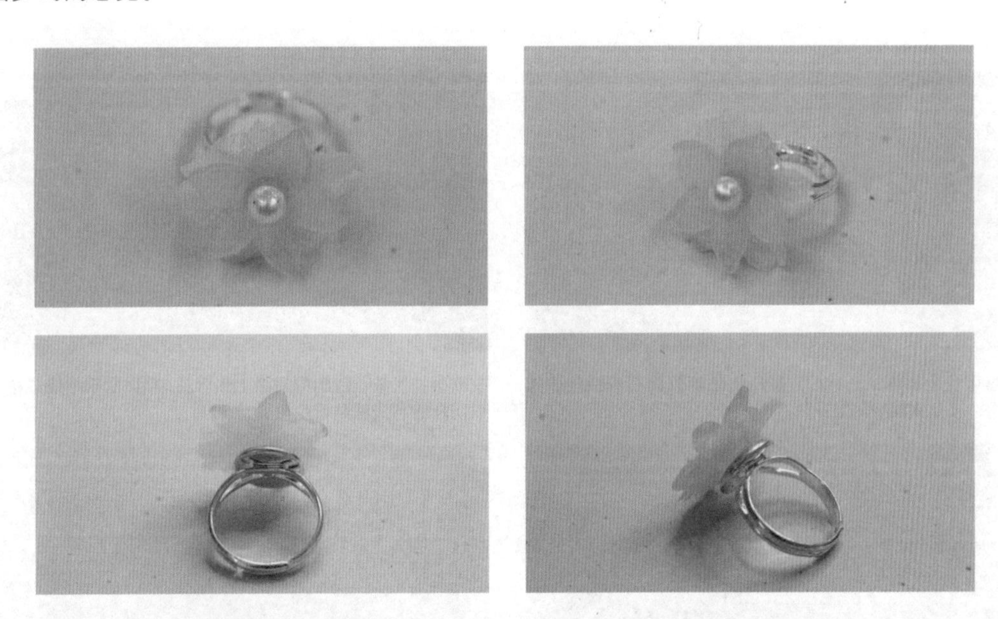

4. 绘制草图和效果图

当有了基本的构思以后，我们就可以开始尝试绘制草图了，如图 1-38 所示。然后再根据本次项目设计的需要和主题要求，对完成的草图进行分析和修改，最后画出正稿效果图，如图 1-39 所示。

图 1-38　草图

图 1-39　效果图

5. 准备材料和工具

材料：戒指托、欧根纱压皱花片、欧根纱烧边花、粉色树脂花、珍珠

工具：热熔胶枪、镊子

6. 实践制作

经过前面的多番调查、论证、筛选、细化，定稿后，便可以进入具体的制作阶段了。

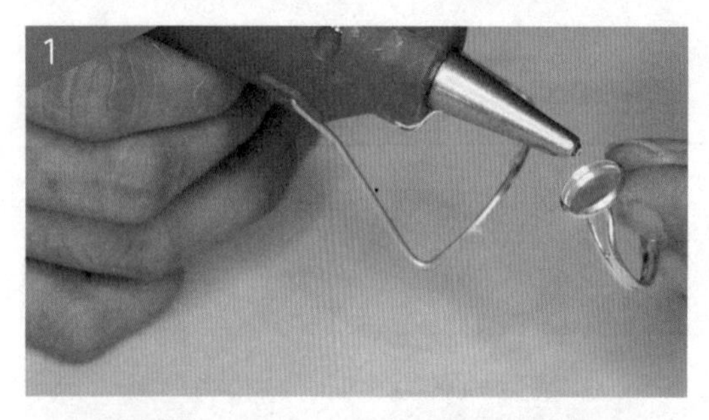

将热熔胶枪加热一分钟后，按压出热熔胶涂在戒指托的托盘上，粘贴欧根纱压皱花片。

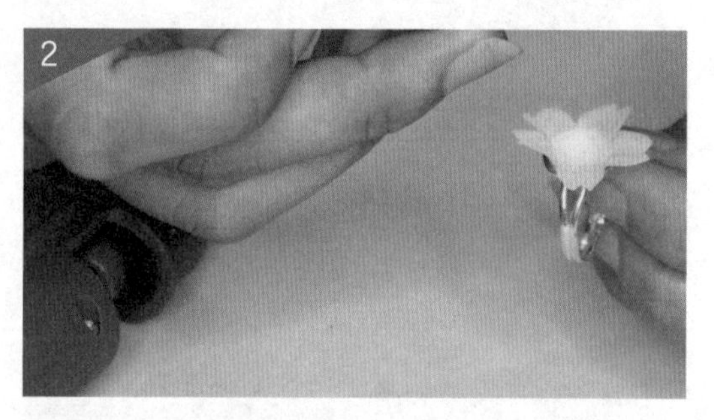

在欧根纱压皱花片的中间涂上热熔胶，粘贴欧根纱烧边花，以同样的方法粘贴粉色树脂花。

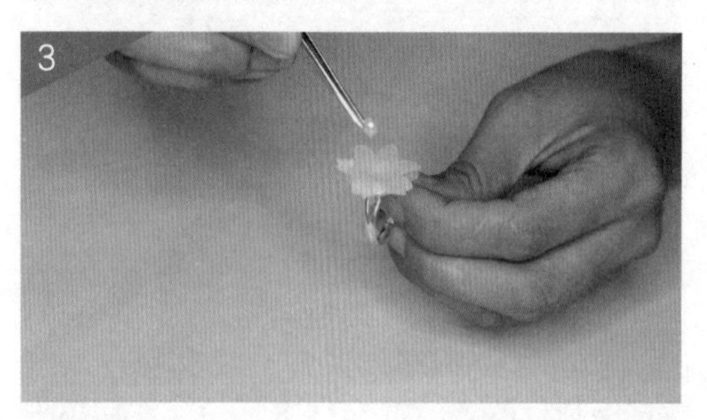

在粉色树脂花的中间涂上热熔胶，最后用镊子夹取珍珠放在粉色树脂花的中间粘贴住。

这样梦幻花形戒指就制作完成啦。

课题二

甜美羽毛手镯

1. 理解课题

(1) 如何理解本次设计主题?

甜美风格我们在前面的项目设计中已经分析过了，在这里就不再赘述了。而羽毛元素在现代服饰当中的应用也非常广泛。在本项目的设计中，我们将采用羽毛材料进行装饰，以烘托出手镯甜美的感觉。

(2) 以什么样的形式和风格来表现本次主题?

“质感”这个词容易让人联想起触觉，然而，它通常也是一段视觉经历，对材料的选择和应用很可能会由于其表面对我们的感官刺激而把它从普通提升到非凡。比如羽毛特有的质感和柔软的特性在饰品中的应用，既可以起到很好的装饰作用，创造出令人玩味的视觉效果，也可以赋予设计额外的感官诉求。因此，在设计过程中，更好地将质感与形状等设计要素和谐地统一起来是构成一件好的配饰的基本保证。

此外，花朵娇艳欲滴素来会给人一种甜美、富有生命力且充满希望的感觉，对于“甜美”这一主题再贴切不过了。

(3) 选择什么样的色彩搭配和情境应用?

对于大部分的女孩子来说，如何来搭配自己的衣服可以说是平时最关注的事情之一了。白颜色有魔力，穿着不会喧宾夺主，黄与白相配，能使人看起来甜美动人。女孩子就像绽放的花朵，有着迷人的香气，搭配甜美系列的服饰更能凸显出清新的气质感。因此，具有甜美气息的配饰特别适合青春少女的日常装扮。

2. 市场调研与分析

女性对饰品有着大量的需求，针对本次设计项目的主题，我们特别调研了不同年龄层的女性对饰品类别的喜好。年纪较小的女性，更加喜欢青春活泼、甜美柔和风格的配饰。年龄偏长的女性则更倾向于体现优雅气质的饰品。因此，在该项目设计中，我们将选取羽毛、花朵等材料和元素进行设计，希望通过材质的对比创设出体现甜美气质的手镯。

3. 创意与构想

该手镯的设计灵感主要来源于大自然中动植物不同的形态与多变的色彩，其中主体形状构成取自美丽的鸡蛋花和羽毛，色彩则运用了黄色和白色。多层次的羽毛打造出浪漫的轻盈感，点缀在羽毛上的鸡蛋花则能点亮整个造型的甜美感。

概念方案：在银色手镯的基础上辅以羽毛、鸡蛋花等材料进行装饰，创造出甜美的感觉。

4. 绘制草图和效果图

当有了基本的构思以后，我们就可以开始尝试绘制草图了，如图 1-40 所示。然后再根据本次项目设计的需要和主题要求，对完成的草图进行分析和修改，最后画出正稿效果图，如图 1-41 所示。

图 1-40　草图

图 1-41　效果图

5. 准备材料和工具

材料：银色手镯、羽毛、鸡蛋花、垫片

工具：热熔胶枪

6. 实践制作

经过前面的多番调查、论证、筛选、细化，定稿后，便可以进入具体的制作阶段了。

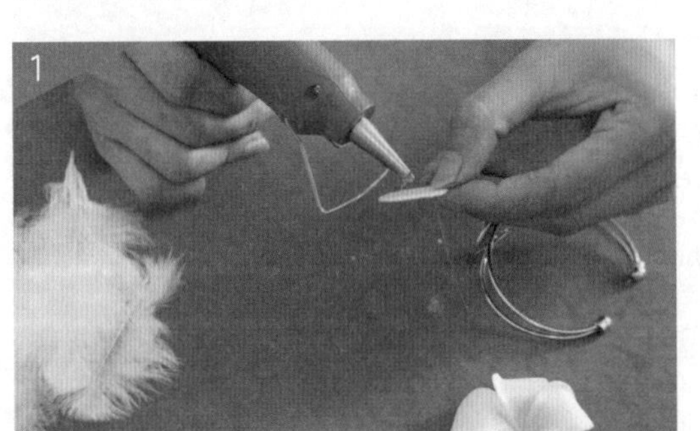

把热熔胶枪加热一分钟后，挤压出液体热熔胶涂抹在垫片中心处。

把已经涂抹了热熔胶的垫片粘贴至手镯的圆圈处。

使用热熔胶枪挤压出液体热熔胶，涂抹至已粘贴在手镯圆圈处的垫片上方中心位置。

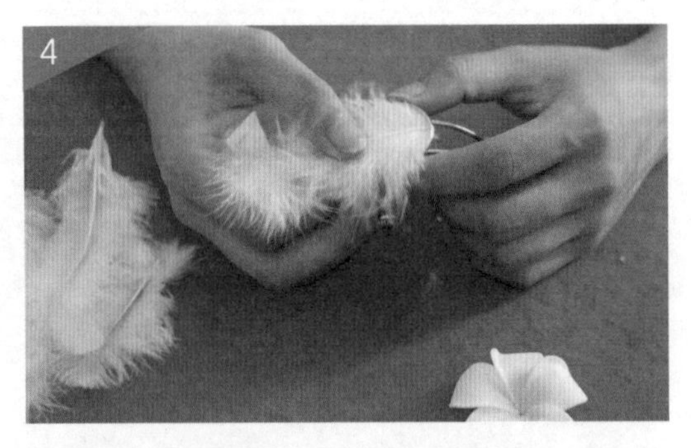

先把第一根羽毛粘贴在垫片上方中心处的胶水上，再使用热熔胶枪挤压出液体热熔胶涂抹至羽毛末端中心处。

把第二根羽毛粘贴在第一根羽毛涂抹胶水处，粘贴位置由右至左呈扇形打开即可。

用热熔胶枪挤压出液体热熔胶涂抹至羽毛末端的中心处，同样的操作依次粘贴第三、第四、第五根羽毛。

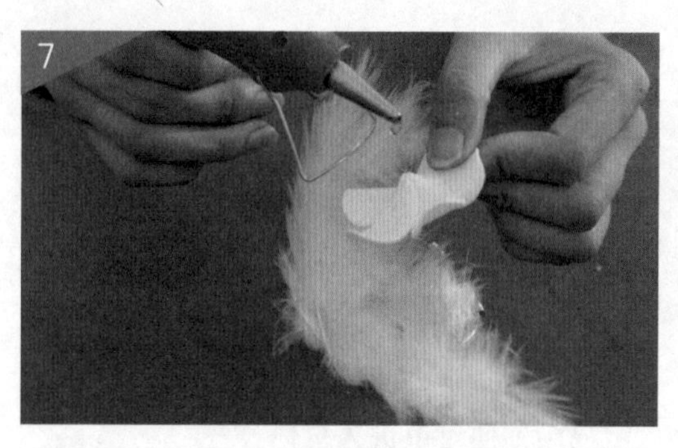

用热熔胶枪挤压出液体热熔胶涂抹至鸡蛋花背部中心处，然后粘贴在已经被粘贴成羽毛扇形状的几根羽毛末端中心处。

甜美羽毛手镯制作完毕。

课题练习

结合当下流行趋势与风格搭配，完成一套时尚手饰的设计与制作。

知识应用与思政目标

1. 了解和掌握对手饰设计的形状、质地、色彩、情感、功能等设计元素的挖掘方法。
2. 学会在实践中学习知识并解决实际问题。

任务五　脚饰的设计与制作

情景描述

在服饰发展的漫长历程中，配饰所起到的作用是不容置疑的。它已不仅仅是作为服装附属品存在，而形成了独立的发展趋势，得到了更多人的关注，从而使配饰设计获得前所未有的自由表现空间，如图 1-42 所示。

脚饰的造型也如时装一般，日新月异，不停地变换，如今已成为服饰搭配中不可缺少的重要元素之一。

一、脚饰的主要分类和应用特点

脚饰类主要是用在脚踝、大腿、小腿的装饰。常见的是脚链、脚镯，广义上还可以包括各种具有装饰性的长筒丝袜、袜子、鞋子等。

1. 脚链

脚链是脚部的一种装饰物，是指在脚上佩戴的链形装饰物。它是当前比较流行的一种饰物，多受年轻女性的青睐，主要适用于非正式场合。佩戴它，可以吸引别人对佩戴者腿部和步态的注意。

脚链有白金、镶钻、陶瓷、景泰蓝、合金等材质，款式令人眼花缭乱，有光面、镂空、刻花、镶钻和各种图形的。脚链的各种款式针对男女各有不同，对于男性来说，可以考虑金属一类的，如钛钢材质的；女性则可以选择各种柔美的款式和材质。一般只戴一条脚链，如图 1-43 所示。两只脚腕都可以戴，如果戴脚链时穿丝袜，就要把脚链戴在袜子外面，让脚链更为醒目。

图 1-42　异域风情脚链

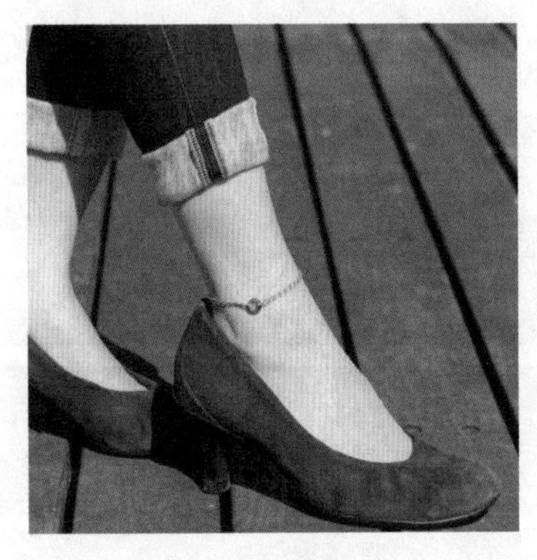

图 1-43　脚链

2. 脚镯

脚镯是指套在脚腕上的环形装饰品，多用金、银、玉等做成。佩戴形式如下。

① 推圈式：由整体条状材质通过互相环绕而成的环，以推拉来控制环的松紧，如图 1-44 所示。

② 开口压合式：类似推圈式，区别在于接口处没有相接而是通过一定外力压合而形成的环。

③ 插簧式：由“C 形”半圆结构与对应的锁舌构成，推合即可成环。

二、脚饰的美学原理和搭配法则

1. 脚饰的美学原理

时代在不断前进，人们对配饰品的要求也越来越高。小小的配饰，总能变化出大大的不同，并为造型注入新的趣味与细节，各种材质之间大胆搭配，外形和尺度也不再拘泥于传统的样式，而是提倡更为个性化的设计。在现代设计中无论是服装还是配饰设计，均是通过点、线、面、体等要素来进行的，并通过这四者的关系，即各种元素的排列、积聚、分割和组合，形成丰富多彩的形态。在这个过程中，它们既是独立的元素，同时又构筑成了一个相互关联的整体。

脚饰作为配饰品中的一员，自然也不可避免地在设计和制作的过程中需要考量到点、线、面、体四个造型要素。设计者只要合理运用这四个要素，便可以变幻出新颖、独特的形态，进一步为配饰设计的材料选择和制作提供有效的依据，如图 1-45 所示。

2. 脚饰的搭配法则

脚饰是近几年比较火热的饰品，深受青年女性的喜爱，也是如今最时尚的选择之一，搭配起来也轻便舒适，搭配一条七分裤，露出小腿肚，就可以给脚饰一个很好的展示机会，也有几分轻熟的感觉。

（1）与凉拖鞋的搭配

凉拖鞋和粗金属脚链搭配，使光秃秃的脚踝活泼了不少，充满嘻哈风。

图 1-44 脚镯

图 1-45 民族风脚链

(2) 与小白鞋的搭配

人手一双的小白鞋如果搭配上一条细细的脚链，刚好削弱了运动感，若再搭配上一条纱裙便更显精致且女人味十足了。

(3) 与猫跟鞋的搭配

脚踝扣和猫跟鞋的组合，创意满满，时髦有个性。

三、脚饰的设计与制作

时尚脚饰的制作工艺主要分为两大类。一类是手工编织，一类是借助机械和设备进行生产和制作。本项目内容目的是介绍脚饰的工艺特点，主要是指用装饰配件进行组合制作的脚饰，机械流水线生产的脚饰不在此列。其主要工艺包括：剪、拧、对折、缠绕、绕珠、贴等，通过用钳子、热熔胶枪、镊子等工具将各种装饰配件进行组合和搭配，形成具有装饰美感和创意的脚饰，满足人们追求时尚的心理，使之成为配饰中的视觉亮点。

结合本项目的学习任务和知识点，我们的课题练习设置为：以时尚、可爱为主题，设计并制作一款时尚脚饰。

课题

洛可可风格的珍珠脚链

1. 理解课题

（1）该如何理解本次设计主题？

“洛可可”一词由法语 rocaille 和 coquilles 合并而来，原意为建筑装饰中一种贝壳形图案，由此引申出一种纤巧、华美、富丽的艺术风格或样式。此风格最初出现于建筑的室内装饰中，此后扩展到绘画、雕刻、工艺品和文学领域。在配饰领域也不乏对该风格的运用。

（2）以什么样的形式和风格来表现本次主题？

洛可可风格的造型基调是曲线，常用多个 C 形、S 形及漩涡形线条组合雕琢。装饰的题材有自然主义的倾向，如花卉、枝叶、缎带等有女性特征的元素。珍珠被大量使用，并通过繁复的设计让其看上去更加奢华精致。因此，本次设计将立足于曲线造型元素、自然主义题材、珍珠等材质的表达，传递出洛可可风格的艺术特色。

（3）选择什么样的色彩搭配和情境应用？

洛可可风格的代表色十分娇艳，如金色、嫩绿、粉红等。因此，我们在色彩的选择上要尽量遵循该艺术风格的色彩特色，如用金色、紫色这对最绚烂的冲突色来烘托出华丽和精致的色彩效果。

洛可可风格的饰品多用在欧洲古典服饰的搭配中和拍摄时，同时也能无障碍应用于日常装束或派对晚宴之中。

2. 市场调研与分析

针对项目的设计主题，我们展开了相关的设计调研和分析，发现洛可可风格的饰品在市场上经久不衰。其材料的选择面也非常广泛，无论昂贵还是普通，均有涉猎。其突出的艺术特点深受消费者的欢迎。

3. 创意与构想

大自然是设计师取材时灵感的重要来源地之一。金属造型的叶子、各种大小的珍珠，用铜丝线进行串接和组合，便能营造出丰富时尚的美感。

4. 绘制草图和效果图

当有了基本的构思以后，我们就可以开始尝试绘制草图了，如图 1-46 所示。然后再根据本次项目设计的需要和主题要求，对完成的草图进行分析和修改，最后画出正稿效果图，如图 1-47 所示。

图 1-46　草图

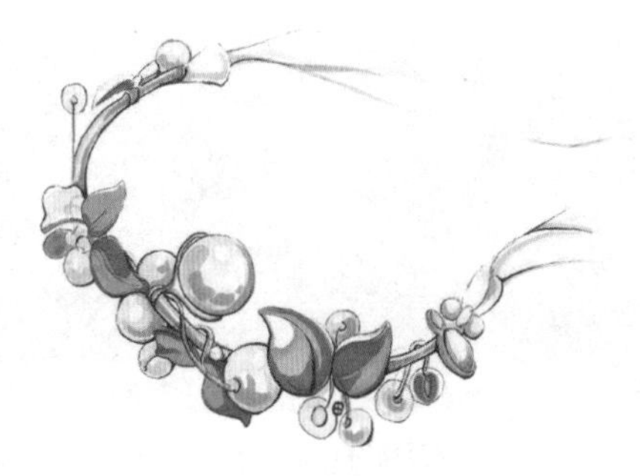

图 1-47　效果图

5. 准备材料和工具

材料：铜丝、大珍珠、中珍珠、透明菱形珠、透明灰菱形珠、金属双叶子、细丝带

工具：圆嘴钳

洛可可风格的珍珠脚链

6. 实践制作

经过前面的多番调查、论证、筛选、细化，定稿后，便可以进入具体的制作阶段了。

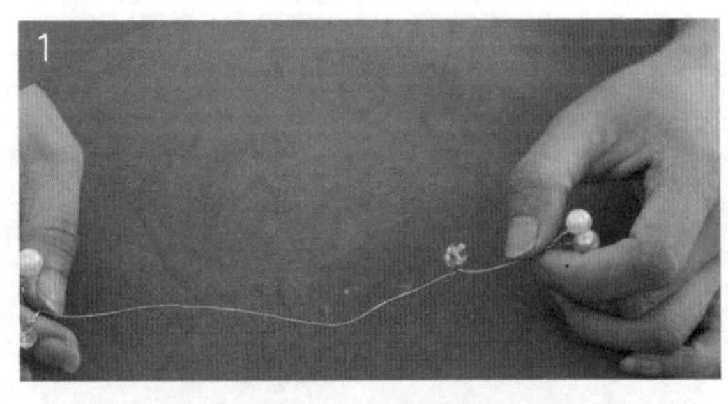

用长度大约 60 厘米的铜丝穿过一颗大珍珠，拧一截长度大约 1 厘米的铜丝再穿入另外一颗透明菱形珠，两个为第一组。

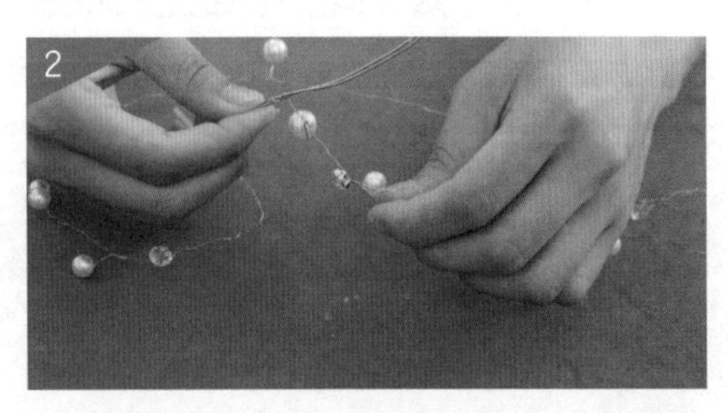

相隔 10 厘米第二组也是用同样的方法制作，依次穿进一颗透明灰菱形珠、一颗大珍珠；用同样的操作作出其他几组，顺序和材料可以自由搭配，完成串珠。

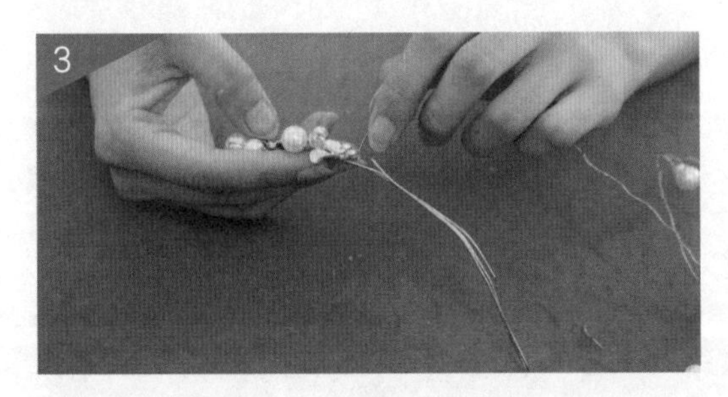

取一根铜丝将其对折作为支撑底形，然后将串珠缠绕在铜丝底形里在第一组串珠后方 10 厘米的位置上，添加金属双叶子缠绕进去；其他组后面也是用同样的操作依次缠绕进去，直到缠绕满底形为止。

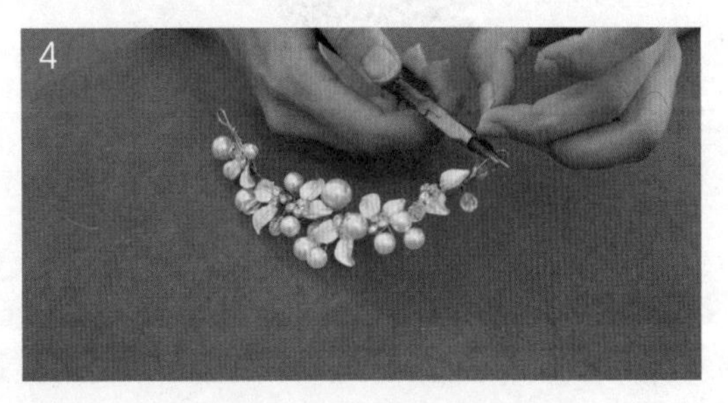

缠绕好后将多余的铜丝用圆嘴钳剪掉。

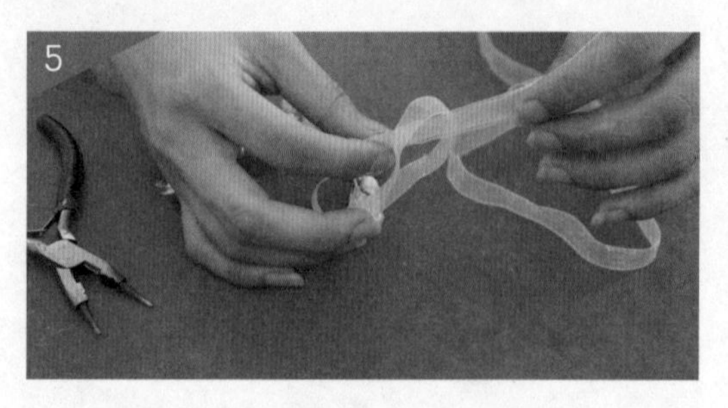

最后将细丝带对折，然后穿过底形两端的小圆圈，接着将细丝带的两端穿过细丝带对折成的小圆圈。另外一边用另一条细丝带进行同样的操作。

洛可可风格的珍珠脚链制作完成。

课题练习

以自然形态为设计灵感来源，完成一套时尚脚饰的设计与制作。

知识应用与思政目标

1．能掌握脚饰设计中的灵感来源和创意方法，并完成相应的主题设计。

2．了解和掌握学科知识之间的融会贯通。

扫一扫

获取更多操作案例：

可爱铃铛脚链

Ⅱ 项目二 装饰饰品设计与制作

任务一　发饰的设计与制作

任务二　胸饰的设计与制作

任务三　挂饰的设计与制作

任务一　发饰的设计与制作

情景描述

云鬓高耸、青丝缠绕、玉钿锻簪、美人添娇，这是对我国传统发饰装点女性时的描述。现代服饰早已突破时代的变迁，成为我们装扮自己的重要武器，女性总是喜欢受到众人的瞩目，瞩目的焦点往往就是那风姿万千的发上风情，亮丽出挑的发饰会让深谙时尚的人们把目光齐聚于此，如图 2-1 所示。

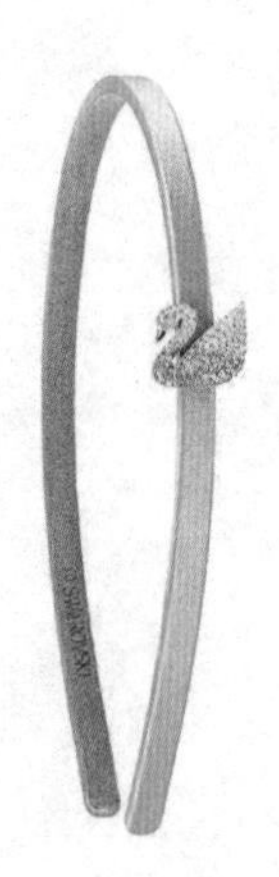

图 2-1　Iconic Swan 系列银色发箍 / 施华洛世奇

一、发饰的主要分类和应用特点

1. 现代发饰

按功能和用途可分为：发圈、发绳、发梳、发簪、发箍、发束、发夹等。按材质可分为合金烤漆类、合金水钻类、亚克力类等。

发夹能将少量头发固定紧，多用于刘海及局部的固定和装饰；虹桥用于部分发髻的固定及装饰；小插针能够起到辅助各种盘发的固定以及点缀造型的作用；插梳适用于各类盘发造型，必要时需要小钢夹辅助固定；边梳用于少量头发的固定，如扭发、辫子、刘海等；发梳适用于丸子头造型或半披发造型；发箍适用于披发、半披发、丸子头以及大部分盘发造型；发束适用于马尾、各类丸子头、半披发造型、部分盘发造型；发带适用于披发、半披发、丸子头及部分盘发造型；发棒适用于披发、半披发、丸子头及部分盘发造型；发圈适用于中等发量的盘发造型，发量过多时影响固定效果；发垫隐藏在头发下方使用，可以完全避免刮发带来的头发损伤，在视觉上增加头发的发量和蓬松感，是修饰头型的必备用品。它们炫目闪耀、晶莹剔透、娇美清秀，在人们的发上轻舞飞扬，与不同的脸型构建出不同的和谐效果。

2. 传统发饰

(1) 簪

簪是中国古代发型中最基础的固定和装饰工具。它是由笄发展而来的，是古人用来绾定发髻或冠的长针。商周时期，簪的材料以骨为主，汉代开始出现象牙簪、玉簪，还在簪头上镶嵌绿松石。唐宋元时期的簪则大量用金、银、玉等贵重材料制作。银簪的制作工艺有錾花、镂花及盘花等。到了清代，随着西洋手工技术和材料的引进，发簪形式更是大放异彩。簪的造型如图 2-2 所示。

图 2-2 簪的造型

(2) 钗

钗是古代女性特有的一种发饰，其作用同于簪，但造型不同，簪为一股，钗为双股。在古代，钗不仅是一种饰物，还是一种寄情的物品。随着社会的发展，女性的发式审美也各不相同，钗的材料形态也逐渐变化。钗的造型如图 2-3 所示。

(3) 梳篦

梳篦是梳理头发的工具，即现代的梳子，齿疏松为梳，细密为篦。梳篦最初仅仅是用于梳理等实用功能，后随着审美意识渐渐增强，发展为一种发饰。梳篦的制作材料多种多样，金属、玉石、角木均可，有的甚至用漆绘花纹装饰，制作工艺精巧绝伦，插戴方法在古代绘画中多有体现。梳篦的造型如图 2-4 所示。

(4) 簪花

古代女性梳妆后将鲜花插于发间称为簪花。兴起于汉代，是中国古代人头饰的一种。簪花的女性形象在汉代以后的墓葬、绘画、雕塑中均可见到，并随着时间的推移，从最初象

图 2-3 钗的造型

图 2-4 梳篦

征富贵的牡丹、荷花等鲜花逐渐演变为小花型的绢花、绒花、金属花、珠花等。簪花的造型如图 2-5 所示。

图 2-5 簪花

二、发饰的美学原理和搭配法则

1. 发饰的美学原理

配饰设计中的视觉元素包括了配饰的造型、纹样、色彩等方面，在配饰设计中，点、线、面、体的组合可以产生各种不同的造型效果。不管是简单或者是复杂的形态，都可以将其还原为对这四个基本要素的运用。因此，在发饰设计中要学会将四个基本造型元素和配饰的装饰性相结合，从而设计出具有美感的时尚发饰。

此外，配饰是一种建立在原材料的基础上进行的独具匠心的设计。可以说，材料是配饰的生命，是作为人们对美的追求和享受的载体。因此，合理选择配饰的用材，发挥材料的优势是完成配饰设计的关键。

在现代配饰设计的材料中，金属、宝石、塑料、玻璃、布料、陶瓷、绳子、皮革、毛毡、木、竹、草、漆、纸张等都是常用的选材。不同的质地、纹理所产生的美感不同，在设计过程中可以合理利用这些天然的质地与纹理，在视觉与触觉上赋予其新意，从而使配饰在细节上显得更加丰富和精美。

图 2-6 中发箍的设计灵感来源于中国传统的戏曲头冠和西方的巴洛克图腾。饰品当中的毛线球、流苏使用了互为对比的红绿色彩搭配这种具有戏曲味道的元素；珠子、金属镂花片、亚克力钻、金色和黑色的搭配则带有巴洛克的华丽感，两种典型的中西风格碰撞出了全新的设计火花，创造出了时尚华丽又略带有民族特色的配饰。

图 2-6 红色发箍 / 李文琪

2. 发饰的搭配法则

（1）圆形脸

圆形脸可爱、俏丽，为突出这一特点，可以选择圆润轮廓的头饰。发圈可选用彩线缠绕的，或边缘带有小饰物的也是不错的选择；发箍不要选择贴头皮的款式，发箍紧贴头皮，头部会给人一种更圆的感觉；发卡佩戴的位置要高于耳朵，并在耳朵前，个数不宜过多，一般一个为宜，可以佩戴在单侧，这样可以拉长脸部比例。

（2）椭圆形脸

椭圆形脸是人们最理想的脸型，发饰的搭配也随之变得简单起来，发箍的运用会让拥有完美脸型的女性变得如同公主般美丽；但是在搭配时，切忌用力过猛，使人看起来头重脚轻，那样个人的形象就会大大减分了。

（3）长形脸

长形脸的人脸颊两侧不要出现太过垂直的线条，也要避免将头帘扎起，那样会使脸型显得更长。发饰的运用也要相对减少，头饰的大量运用，会使形象的得分大打折扣，如若想使面容变得多彩，可以在扎起头发的同时，使用发绳缒于额头。

（4）方形脸

方形脸的人，不适合将头发扎起，若为追求利落感，可以将前部预留一些头发以起遮掩作用，宜选用稍有弧度的发饰，来缓和面部棱角。发夹的运用量最好减少，这样能给人落落大方的视觉感受。

三、发饰的设计与制作

在当下国内外的配饰市场上越来越趋于推崇时尚个性化的饰品，一些手工饰品更是受到普罗大众的欢迎。而这一类的饰品不一定要用昂贵的材料来制作，它更多体现了设计师的独具匠心。可以说，即便是普通的材料经过设计师的精心设计，也能变得精彩绝伦。结合本项目的学习任务和知识点，我们的课题练习设置为：以古风、欧式风格为主题，设计并制作一系列流行发饰。

课题一

古风流苏发簪

1. 理解课题

（1）如何理解本次设计主题?

“古风”我们在前面的项目设计中已经分析过了，在这里就不再赘述了。

我们可以通过头脑风暴的方式来展开联想，如图 2-7 所示。

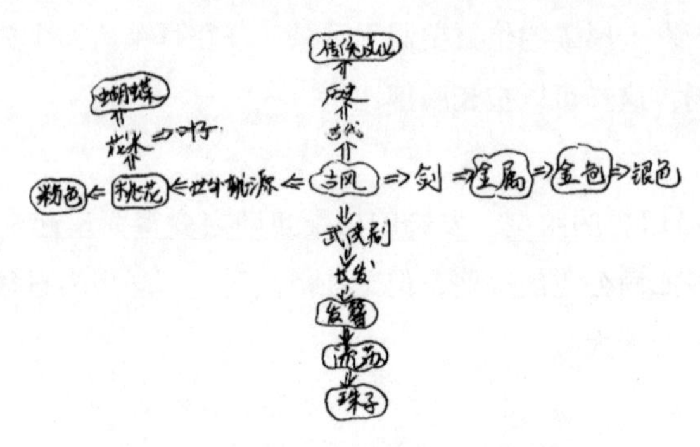

图 2-7　对“古风”进行头脑风暴的文字架构图

（2）以什么样的形式和风格来表现本次主题?

从上面头脑风暴文字架构图中我们联想到了“发簪”“流苏”“珠子”“金属”“桃花”“蝴蝶”等词汇，它们将成为我们接下来设计灵感的来源。它们所指向的风格都是“古风”这一主题。

（3）选择什么样的色彩搭配和情境应用?

色彩上我们将从更具象的事物来进行选择。比如，桃花代表粉色、金属代表金色或金黄色等，从中选择构成该饰品的主要色调。

古风类的饰品多数用在传统古风服饰的搭配和拍摄中。

2. 市场调研与分析

针对本次设计项目的要求，我们对当下古风类的饰品进行了相关资料的收集和调研。尤其是复古风格的发簪，主要都是将传统的元素作为设计核心。因此，在此次的项目设计中，我们将借鉴传统发簪的造型特点和风格，并在传统的基础上进行创新。

3. 创意与构想

“古风”是一类新兴的文化。古风饰物是以中国传统文化为基调，结合现代人的审美去创造的一种具有传统风格的饰物。所以在配件的选择上主要是以具有传统纹样的金属配件和花片为主，再辅以珍珠、琉璃珠子等进行装饰，呈现出一种温婉精致的传统美感。

概念方案：设计一款古风流苏发簪，并以花片、珍珠、琉璃珠子等材料进行搭配来营造出温婉精致的传统美感。

4. 绘制草图和效果图

当有了基本的构思以后，我们就可以开始尝试绘制草图了，如图 2-8 所示。然后再根据本次项目设计的需要和主题要求，对完成的草图进行分析和修改，最后画出正稿效果图，如图 2-9 所示。

图 2-8 草图

图 2-9 效果图

5. 准备材料和工具

材料：簪棍、粉色树脂花、白色树脂花、月亮花片、小花芯、蝴蝶花片、五孔花片、小叶子、粉色大琉璃珠、 粉色小琉璃珠、透明琉璃珠、珍珠、小链条、九字针、球针、小圆圈、细铜丝

工具：热熔胶枪、尖嘴钳

6. 实践制作

经过前面的多番调查、论证、筛选、细化，定稿后，便可以进入具体的制作阶段了。

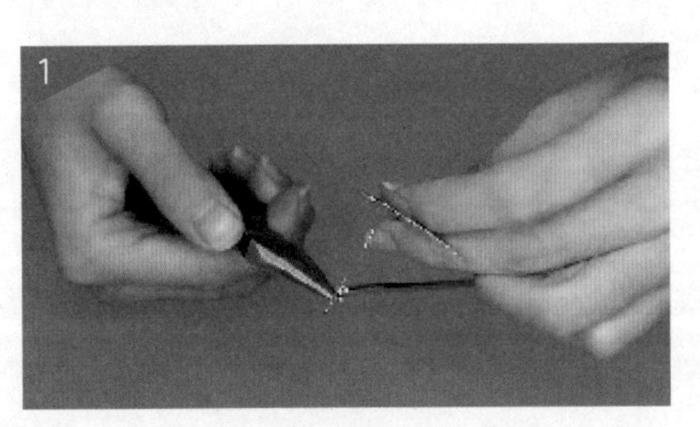

用长 5 厘米的铜丝穿过簪棍顶端的小孔，再穿过月亮花片的尖角，之后用尖嘴钳拧纽一圈夹紧固定。

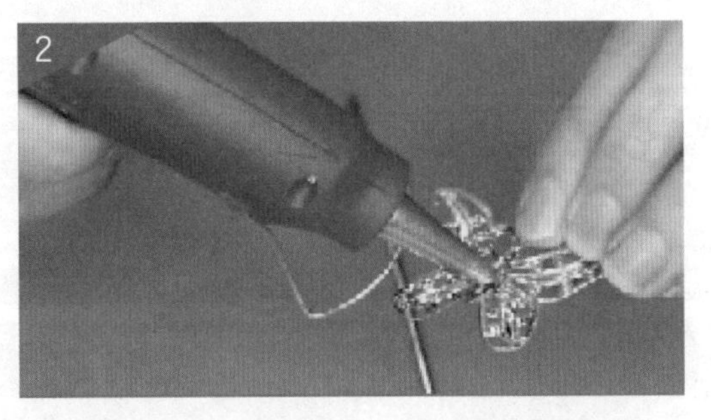

将热熔胶枪加热一分钟后，按压出热熔胶涂在蝴蝶花片的底部，接着粘贴在簪棍的顶端。月亮花片、蝴蝶花片也是一样的方法操作。

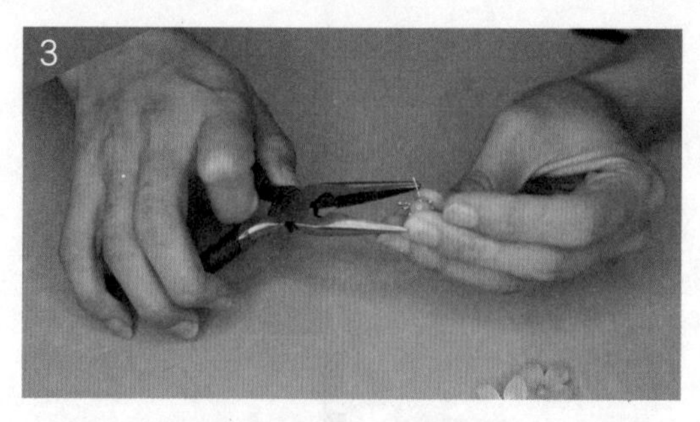

用珠针先穿进透明琉璃珠再穿过小花芯，之后用尖嘴钳拧一下对折。同样的操作做两个花芯琉璃珠。

将白色树脂花的中间涂上热熔胶，接着粘贴一颗花芯琉璃珠在中间。对粉色树脂花也进行同样的操作。

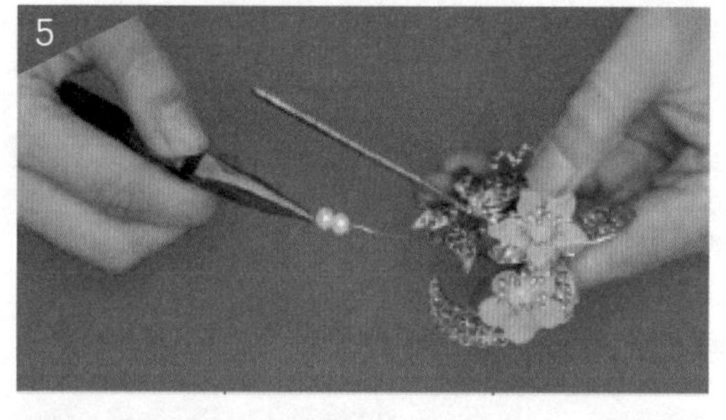

用铜丝穿进两颗珍珠，接着穿过第二个蝴蝶的中间，铜丝两端用尖嘴钳从背面的两边拧纽固定。

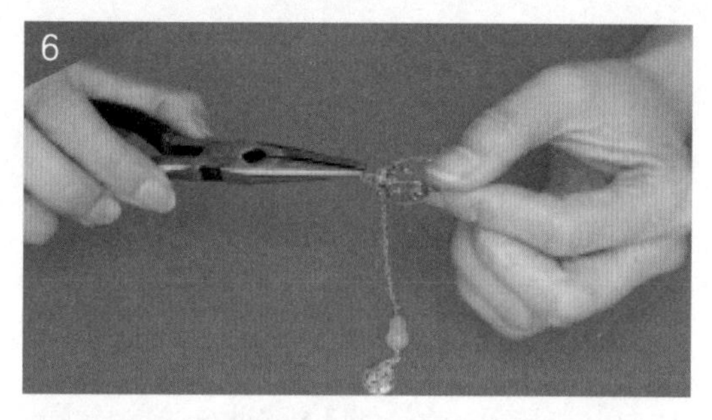

接着拧开粉色小琉璃珠上面的九字针，穿过 6 厘米长的小链条之后用钳子将口夹紧。以同样的操作完成 5 条流苏珠。

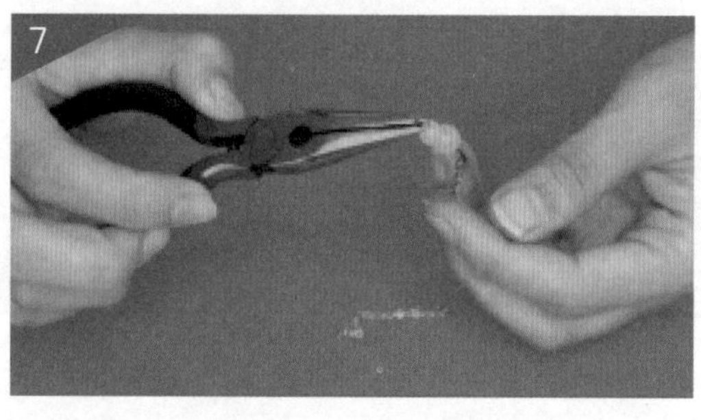

将小圆圈用尖嘴钳拧开，把 1 条流苏珠穿进去，接着穿过五孔花片的第一个孔，穿过之后夹紧；其他 4 个用同样的手法依次挂到 4 个五孔花片的孔中。

将五孔花片上面粉色大琉璃珠的九字针拧开，穿过主体发簪上月亮尾端的小孔，最后用钳子将口收紧。这样美观的古风流苏发簪就完成啦。

课题二

欧式水晶发梳

1. 理解课题

（1）该如何理解本次设计主题?

欧式、水晶，这样的词汇容易让人联想到富丽堂皇、透明、神秘等元素。但如何能将它们融合到一件配饰中，是我们接下来所要思考的重点。

（2）以什么样的形式和风格来表现本次主题?

作为一件配饰，一个非常重要的作用就是它的装饰性。无关材质本身贵重与否，而在于设计者掌握了最基本的方法和构成原理后，如何根据创意和构思的需要进行形式和风格的选择。我们将紧紧围绕着欧式风格和水晶材质，选择金属花片、亚克力钻等材料进行搭配，使配饰的造型更加丰富和精致，突出我们的设计主题。

（3）选择什么样的色彩搭配和情境应用?

既富丽堂皇又给人透明感的颜色有金黄色、白色、透明度高的灰色系等。因此，我们在色彩的选择上也将采用金黄色、白色、半透明的灰色进行表达。这一类别的饰品具有甜美、温婉的感觉，多数用在日常服饰的搭配和拍摄中。

2. 市场调研与分析

针对本次设计项目的要求，我们对当前带有欧式风格的饰品进行了相关资料的收集和调研：此类风格喜欢用华丽、夸张和“精雕细琢”的工艺来突出空间感、艺术感和立体感。多采用曲线来表现张力，从而更显奢华、大气。因此，在此次的项目设计中，我们将采用曲线造型来进行表达，并且更加注重细节的搭配和刻画，将传统的欧式风格和现代审美相结合，创造出适合现代女性的时尚配饰。

3. 创意与构想

“欧式”这一主题，容易让人联想到巴洛克、洛可可风格。而这一类风格的典型特点就是装饰繁复，有很多的曲线造型和精致的细节。所以在材质上选用金属花片、亚克力钻、水晶珠和花朵的搭配很容易碰撞出带有欧式风格的华丽感。再将它添加到发梳上，便能创造出时尚华丽、又略带有欧式风格的发饰了。

概念方案：设计一款欧式水晶发梳，并以金属花片、亚克力钻、水晶珠等材料进行搭配来创造出既时尚华丽又略带有欧式风格的感觉。

4. 绘制草图和效果图

当有了基本的构思以后，我们就可以开始尝试绘制草图了，如图 2-10 所示。然后再根据本次项目设计的需要和主题要求，对完成的草图进行分析和修改，最后画出正稿效果图，如图 2-11 所示。

图 2-10 草图

图 2-11 效果图

5. 准备材料和工具

材料：六角染芯白色管珠、三角形水晶珠、合金菱形水钻、金属叶子、白色树脂花、金属花托、合金水钻树叶、发梳、铜丝

工具：钳子、热熔胶枪

6. 实践制作

经过前面的多番调查、论证、筛选、细化，定稿后，便可以进入具体的制作阶段了。

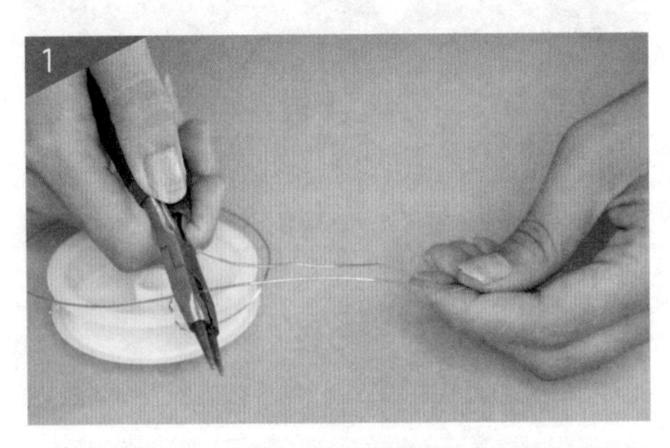

采用 0.8 毫米规格，以钳子剪一段长度为 20 厘米的首饰专用铜线进行对折，完成发梳底形的制作。

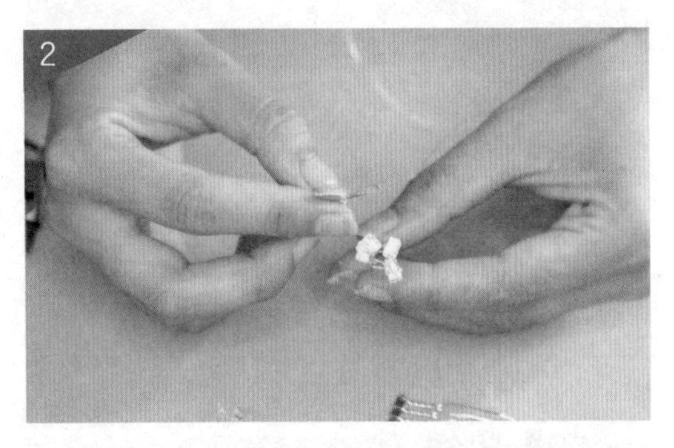

用一条长度大约 50 厘米的铜丝穿过一颗六角染芯白色管珠并对折铜丝拧成麻花状固定，接着根据图中树形枝杈的次序在长度距离约 1 厘米的位置用相同的方法左右交替完成另外八颗珠子的串接，完成树状形态的串接，并将金属叶子在其末端绕 5 圈固定住。

重复第二步的操作，根据树形枝杈的次序左右交替完成 5 颗六角染芯白色管珠的串接，并用同样的操作在另一侧完成对应的另一组树状形态的串接，并将其一并缠绕到发梳上固定住。

重新用一条长度大约为 15 厘米的铜丝穿过三角形水晶珠并拧紧固定住，然后在距此 1 厘米的位置交替完成另外 5 颗珠子的串接，并将第 3 颗放在中间进行缠绕。用同样的手法分别完成 3 个相同的三角形水晶珠部件，与白色树脂花放置一起待用。

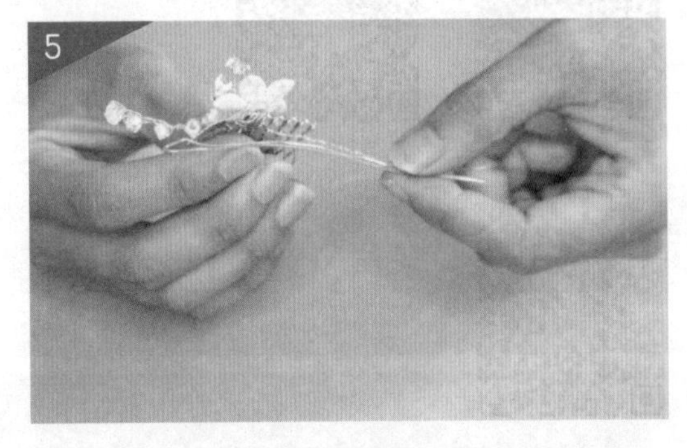

分别将已完成的三角形水晶珠部件各穿过一片白色树脂花后缠绕到发梳上，并将底形放在发梳顶端的下面，用铜丝缠绕至尾端，用钳子夹紧。

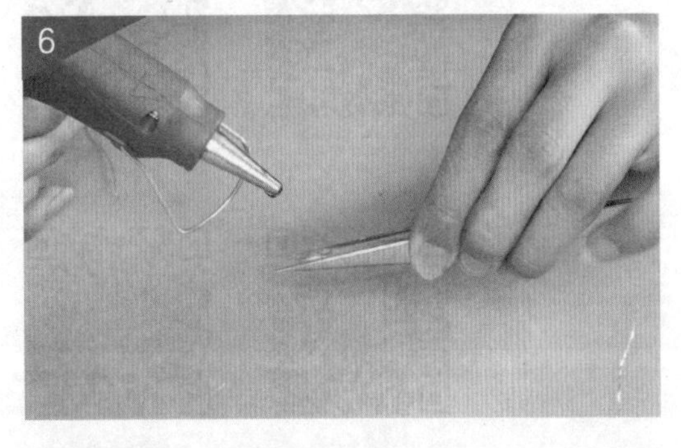

用铜丝提前拧好三个椭圆形的底形，然后将热熔胶枪加热一分钟后，按压出热熔胶涂在合金菱形水钻上并将其粘贴在拧好的铜丝上。

重复树状形态的制作步骤，将铜丝左右交替分别完成 6 颗六角染芯白色管珠的串接和 10 颗六角染芯白色管珠的串接，并将金属叶子绕在铜丝末端，再与第六步完成的菱形水钻部件一并缠绕到发梳上进行固定。

用铜丝穿过合金水钻树叶，然后对折拧成麻花状并缠绕到发梳上固定住，欧式水晶发梳制作完成。

课题练习

从传统文化中寻找灵感，结合传统工艺完成一套时尚发饰的设计与制作。

知识应用与思政目标

1. 掌握发饰设计中的灵感来源和创意方法，从传统文化中学习发饰的设计表达。
2. 具有严谨的工作态度和敢于创新的精神。

扫一扫

获取更多操作案例：

欧式羽毛发簪

清新烫花发簪

中式仿金发梳

古风秀禾头花

森系珍珠头饰

甜美水钻发夹

甜美珍珠发带

任务二　胸饰的设计与制作

情景描述

在一件线条明朗的毛绒大衣或柔软的针织毛衣上扣上一枚造型像花蕾的水晶胸针，能够让女性的温婉娇媚感油然而生，为周身增添上一层浪漫的色彩。胸饰有的形态娇艳欲滴、有的清丽脱俗，不同颜色能够体现女性不同的气质。选择和佩戴适合自己个性与品位的配饰，结合各种不同风格的服装才能够充分体现出自己最独特的韵味。可以说，小小的一枚饰品已成为了塑造个性风格的点睛之物，如图 2-12 所示。

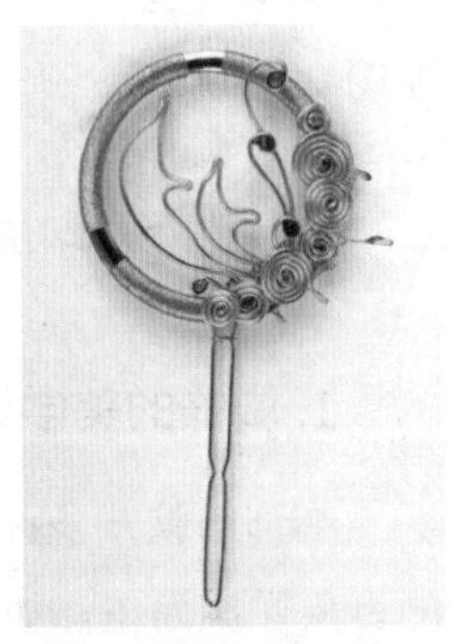

图 2-12　海豚胸针 / 叶衔舟

一、胸饰的主要分类和应用特点

胸饰是现代社会中女性常用的装饰品之一，它通常被佩戴或装饰在上衣的前胸领侧、肩侧等位置。胸饰常见的主要是胸针、胸花。按照形状的大小，可以分为大型胸饰和小型胸饰，另外还有诸如徽章、胸袋饰等各种专用胸饰。

1. 大型胸饰

体型比较大，一般长 7cm 以上，由多颗宝石或者多种材料组成。常见的有由若干小宝石衬托一个大宝石的典型金属款式，或是由别针、纺织品、珠子等组成的大型胸花款式，如图 2-13 所示。

图 2-13　大型胸饰 /La Moda，藏于 The Kyoto Costume Institute

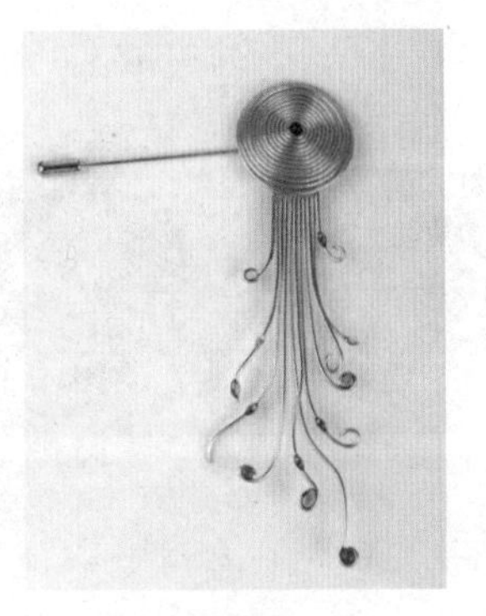

图 2-14　几何图形组成的水母胸针 / 叶衔舟

2. 小型胸饰

体型比较小，一般长 2cm 左右，造型比较简单。常见的有单颗小宝石，配上简单的图案组成；也有的不配宝石而采用几何图形的，如图 2-14 所示。

3. 专用胸饰

具有专门设计图案的勋章、伟人像纪念章、重大事件纪念章、运动会纪念章以及校徽、厂徽等其他徽章，如图 2-15 所示。

图 2-15　北京奥运会纪念胸章 / 叶衔舟

二、胸饰的美学原理与搭配法则

1. 胸饰的美学原理

胸饰的款式多种多样，并且时尚创意的款式仍然在源源不断地涌现，主要以各种不同的具象图案为主。如人物头像、船、鸟类、生肖等；还有的胸饰会镶嵌各类宝石在圆形、椭圆形、方形、长方形、花篮形、随意形的图案上，这种款式显得极为简单大方，备受时尚女性的青睐。

在胸饰中胸针的造型不一定都是复杂的、装饰味极浓厚的，有时简洁的形态照样能起到良好的点缀效果。如图 2-16 中的胸针《忆》，这是使用植鞣皮为设计材料，采用皮雕工艺完成的胸针作品。它的外在造型借鉴了拼图的形态，使其有别于市面上一般的胸针样式，显得个性十足。

在胸饰中，胸花相对来讲具有较强的动感和空间感。从形式美上讲，胸花采用的以点放射到面的光泽和光芒形态是最有力的表达形式，胸花以它与生俱来的视觉效果绽放在女性胸前，演绎万种风情，如图 2-17 所示。

图 2-16　忆 / 刁娴芳

图 2-17　胸花造型

2. 胸饰的搭配法则

（1）胸花的搭配法则

胸花的款式也要与衣着风格相匹配。浪漫型的服装应配以柔和别致的胸花；华丽的晚装适合较夸张但精致奢华或小巧别致的胸花；正式的服装搭配简洁明快、轮廓清晰的胸花。图案和款式烦琐的服饰不宜佩戴胸花。总之，胸花的佩戴既要有很好的装饰效果，又不能分散别人的注意力而影响服饰的整体效果。

胸花的品质也至关重要。选对了胸花，不仅可以起到画龙点睛的作用，还可以化腐朽为神奇，让原本平凡的服饰瞬间大放光彩。

（2）胸针的搭配法则

胸针是佩戴在上衣上的针状小装饰品，质地多为银或白金，镶以钻石和其他宝石。将其别在衣襟上，不仅能够为服饰增色，还可以彰显身份地位。胸针的搭配和其他饰品一样，无论是哪种材质，胸针的质地、颜色、位置一定要考虑是否与服装风格相一致。

① 与西装搭配的胸针，应选择大一些的胸针，材质也要优等的，色彩要纯正。

② 与衬衫或薄羊毛衫搭配的胸针，应选择新颖别致、小巧玲珑的款式。千万别小看胸针的作用，它的位置，所搭配的服装样式，甚至置于不同的面料上，所产生的点缀效果与整体的审美感觉都会截然不同。款式简洁的服装，搭配设计简约清丽的胸针，展现出清秀的脱俗气质。若整体服装色彩单一，可选择有花饰的胸针，这样可起到调节作用。

③ 年轻的女性可选择别致、趣味、造型奇特的款式，以张扬个性。在材料上没必要追求高档的金银珠宝。比如，一枚卡通形象的创意胸针搭配时尚的短衣短裤，会越发显得俏皮可爱。

④ 在半高领的休闲服上，佩戴造型简单的胸针，会洋溢出一种青春浪漫的气息。

⑤ 当穿着高级面料的礼服时，胸针要选择与礼服相协调的材质，切忌选用塑料、玻璃、陶瓷为材料制成的胸针，会给人一种没有品味的感觉。如果选择一枚珍珠或是贵金属的胸针，则会给人一种优雅、品位独特之感。

⑥ 如果衣服是闪光面料或者是在衣领、前胸袋口等处有闪光装饰边的，则要谨慎选择胸针，避免形成画蛇添足的感觉。

⑦ 胸针的季节性也很强，选择胸针时，要注意考虑与四季服装的整体协调。比如，冬季服装面料通常以厚重、挺括为主，金属类、镶宝石类或有重量感的胸针款式最为适合。夏季服装的面料普遍轻薄，多为丝绸之类的织物，细巧轻盈的胸针比较适合，切忌佩戴大而偏重的胸针，会容易使衣料下坠，影响美观。春秋两季的服装，面料丰富、款式多样、色泽绚丽，因而佩戴胸针的范围较广。

现在，古老的徽章也登上了时尚的舞台。佩戴的方法也值得玩味，年轻人不仅仅喜欢将各式徽章别于胸前，包袋、领口等处也时常被大大小小的徽章挤满，设计师更是别出心裁地把徽章大量层叠使用，徽章被不知不觉加入了项链的行列，不限佩于胸前，作为首饰更能带来与众不同的味道。

三、胸饰的设计与制作

胸饰作为近年来受到时尚圈追捧的配饰类别，通过形态造型与材料的质感表现，无论是采用贵金属、高档天然宝石，或是普通材质进行表现，都应该在进行设计制作时，考虑饰品的设计特点，灵活发挥材料的优势与特性，提升其搭配价值。结合本项目的学习任务和知识点，我们的课题练习设置为：以轻奢、甜美为主题，设计并制作一系列流行胸饰。

课题一

轻奢水貂毛胸花

1. 理解课题

（1）如何理解本次设计主题?

水貂毛是一种天然毛类纤维，取之于动物身上，是一种十分昂贵的皮毛类材料。它与普通毛类产品有着相似的特点，用水貂毛制得的服饰穿着轻盈舒适不压身，保暖性与保形性极佳，并且水貂毛类的产品价格十分昂贵。用它制成的皮草服装，雍容华贵，是理想的裘皮制品，有“裘中之王”的美称，因此又成为了一种富贵的象征。

现代皮草的原材料多来自于人工养殖场，从皮毛类动物身上取得毛皮之后需经过几十道制革工序才能获得一张天然的动物皮草。由于天然动物皮草材料十分珍贵，因此，我们在本次的项目设计中，使用的是仿真皮草来替代天然皮草，这样可以既环保又不失奢华之感。

（2）以什么样的形式和风格来表现本次主题?

所谓轻奢主义，顾名思义，就是“轻度的奢侈”，也可以视为“低调的奢华”。实际上是以极致的简约风格为基础，通过一些精致而不失高档的元素来凸显质感，以独特的魅力撩拨着我们的身心与视觉。因此我们将以水貂毛为主材，搭配塔珠等配件，不着痕迹地衬托出水貂毛的雅致美感。

（3）选择什么样的色彩搭配和情境应用?

为了衬托出水貂毛特殊的质感，我们在色彩上选择以低纯度的同类色进行搭配，使其能够呈现出既和谐又统一的美感。该类别的饰品适用在秋冬服饰的搭配和拍摄中。

2. 市场调研与分析

从古至今皮草制品都是奢华的象征，在一些老牌奢侈品品牌中常常可以看到皮草饰品的身影。但随着保护动物的环保主义理念不断深入人心，动物皮草已经不再是炫耀奢华的装饰工具，取而代之的是仿真皮草的兴起。仿真皮草具有色彩鲜艳、质感丰富的特点，在材料的成本上也远远低于动物皮草，因此受到了大量追求个性的时尚人士追捧。我们将运用仿真皮草来替代天然皮草，既节约成本又符合当今的环保潮流。

此外，皮毛材料兼具了材料的功能性与装饰性两种特点，被广泛运用于现代配饰设计中。在进行配饰作品的设计制作时，应该考虑作品的设计特点，灵活发挥材料的优势与特性，选择相应的皮毛材料的品类。根据本次设计项目的主题和定位，我们将选取水貂毛作为主材料。

3. 创意与构想

皮毛类的设计材料具有极富张力的质感特性与独特的纹理美感，成为了当今时尚界配饰设计的主流材料之一，被广泛运用在主流配饰品的设计中。因此，我们选择水貂毛作为本次设计的主要装饰材料，并在细节的设计中结合当前配饰的流行趋势，加入了花朵、贝壳、珍珠和各式宝石进行装饰，在整体的配饰设计中营造出轻奢的柔美感觉，特别适合年轻女性。

概念方案：设计一款以轻奢风格为主题的水貂毛胸花，并选用花朵、贝壳、珍珠和宝石进行装饰，使其营造出轻奢的柔美感觉。

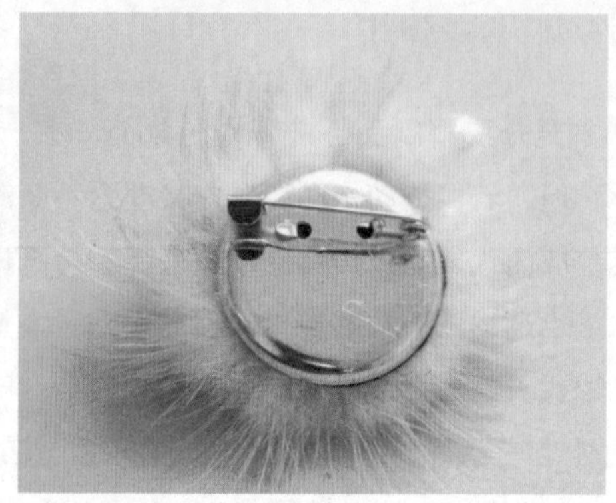

4. 绘制草图和效果图

当有了基本的构思以后，我们就可以开始尝试绘制草图了，如图 2-18 所示。然后再根据本次项目设计的需要和主题要求，对完成的草图进行分析和修改，最后画出正稿效果图，如图 2-19 所示。

图 2-18　草图

图 2-19　效果图

5. 准备材料和工具

材料：水貂毛、叶子、小梅花树脂、小梅花花托、水滴珠树枝、合金花朵、菱形珠、粉色菱形珠、透明塔珠、墨蓝色塔珠、黑色无纺布垫片、胸针底座

工具：热熔胶枪、镊子、B7000 手工胶

轻奢水貂毛胸针

6. 实践制作

经过前面的多番调查、论证、筛选、细化，定稿后，便可以进入具体的制作阶段了。

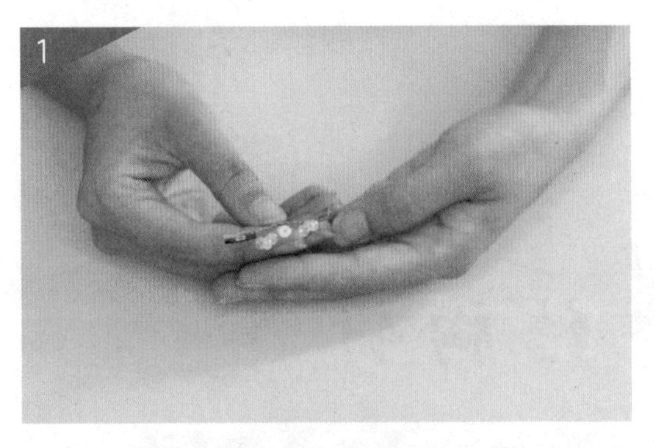

将铜丝穿过叶子，然后在叶子根部拧紧；继续穿入 3 颗菱形珠，拧紧铜丝，拧住的铜丝长度大约 1.5 厘米。接着将 1 颗透明塔珠穿入铜丝并将铜丝拧紧，拧住的铜丝长度大约 1.5 厘米，再穿入粉色菱形珠，拧紧铜丝，拧住的铜丝长度大约 1.5 厘米，最后将墨蓝色塔珠同样穿入铜丝后拧紧，拧住的铜丝长度大约 1.5 厘米。

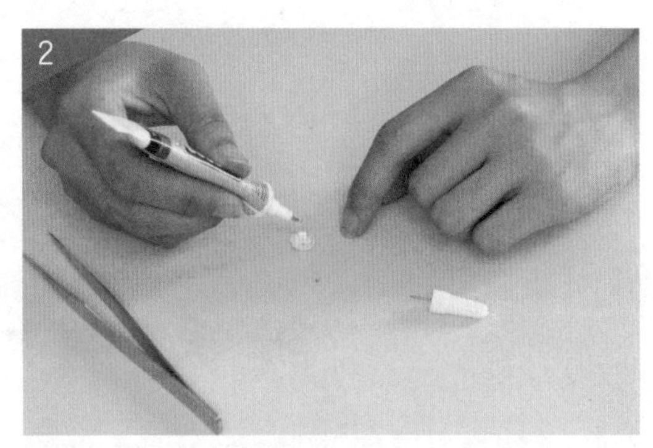

镊子夹取一颗小钻后蘸取 B7000 手工胶，粘贴在小梅花树脂上。

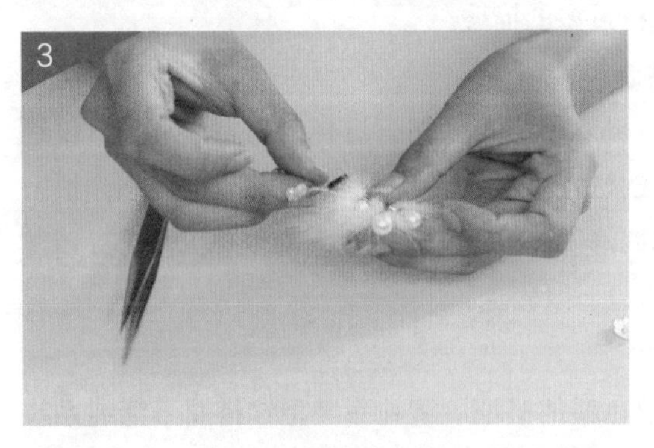

热熔胶枪加热一分钟后，按压出热熔胶涂在水貂毛中间部位，在其上先粘上水滴珠树枝，再涂一点胶水来固定第一步拧好铜丝的珠子和叶子，接着放合金花朵，最后用镊子夹取小梅花花托放在中间粘牢。

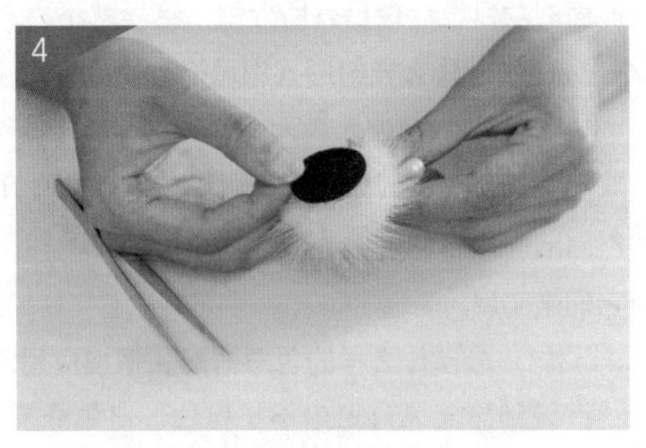

在第三步的完成品背面涂上热熔胶贴上黑色无纺布垫片，挡住仿真水貂毛背面白色的泡沫。

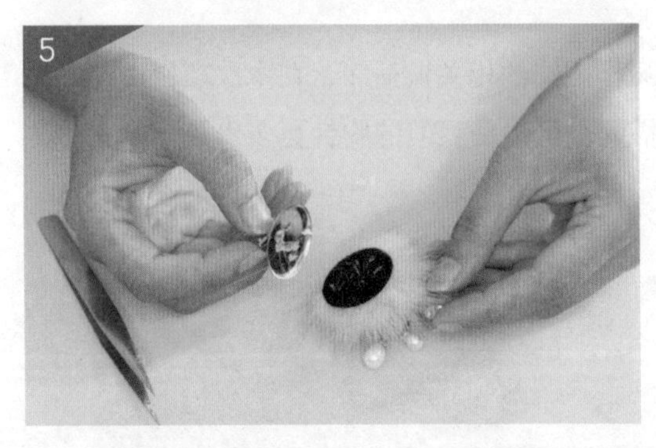

将热熔胶涂在黑色无纺布垫片上，将第四步的完成品粘贴到胸针底座上。

轻奢水貂毛胸花制作完毕。

课题二

甜美蝴蝶结胸针

1. 理解课题

（1）该如何理解本次设计主题?

“甜美”风格的基本特征是自然清新，表现出女性柔美和天真的一面。其实，我们在前面的项目设计中已有所介绍，这里就不再进行过多的描述。

（2）以什么样的形式和风格来表现本次主题?

想要营造一种天真无邪略带可爱的感觉，蝴蝶结和花朵便有这样的功力。从小女孩到成年女性在成长的过程中都可以找到它们存在的位置。它们自带一种轻灵柔软的姿态，根据不同的设计它们可以表达从飘逸到沉稳多种不同形态。甚至是回归少女的梦想，也可以通过它们来实现。

（3）选择什么样的色彩搭配和情境应用?

说到甜美风肯定少不了粉色、白色等清透色系的搭配。清纯甜美型穿搭属于清纯系妹子的装扮，容易营造出小清新的风范。

2. 市场调研与分析

在前面的项目设计中，我们已经做过甜美风格配饰的相关调研了，在本次项目设计中，我们将对蝴蝶结、花朵、叶子等自然元素进行搭配，可以使我们的胸针更多出几分小女生的可爱和亲切感。

3. 创意与构想

现代配饰讲究能展现独特的个性美感。在材料上没必要追求高档的金银珠宝，选用粉色的月季花再搭配上蝴蝶结，既突出了胸针甜美的感觉，又符合年轻女性的纯真和可爱。

概念方案：设计一款甜美蝴蝶结胸针，通过花朵、蝴蝶结、叶子等元素的装饰，营造出甜美可爱的感觉。

4. 绘制草图和效果图

当有了基本的构思以后，我们就可以开始尝试绘制草图了，如图 2-20 所示。然后再根据本次项目设计的需要和主题要求，对完成的草图进行分析和修改，最后画出正稿效果图，如图 2-21 所示。

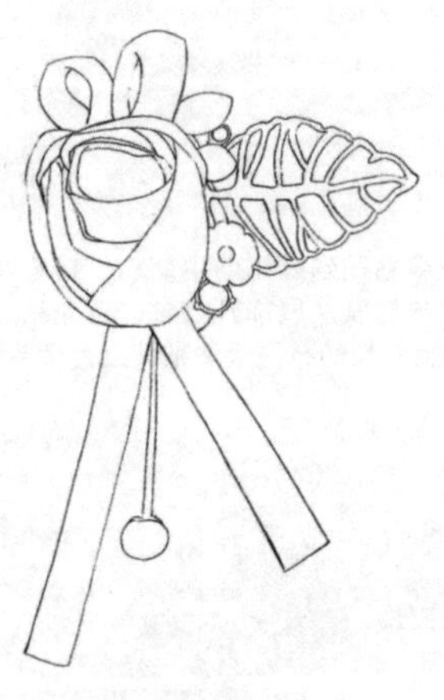

图 2-20　草图

图 2-21　效果图

5. 准备材料和工具

材料：花朵、金叶片、绸带、带塞仿珍珠、合金小梅花花托、合金多钻花托、胸针、黑色无纺布垫片、带托皓石、标牌

工具：热熔胶枪

甜美蝴蝶结胸针

6. 实践制作

经过前面的多番调查、论证、筛选、细化，定稿后，便可以进入具体的制作阶段了。

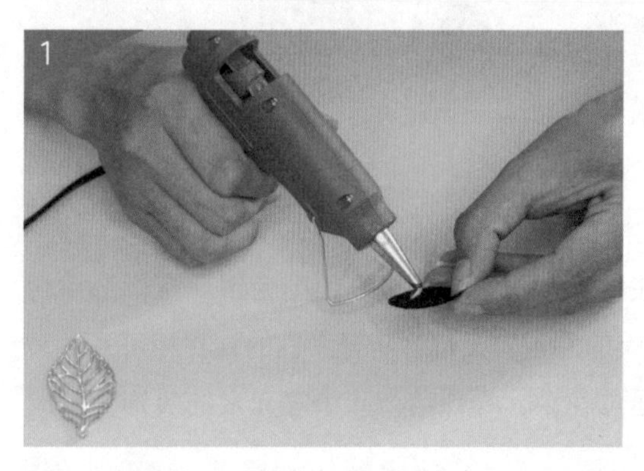

将热熔胶枪加热一分钟后，按压出热熔胶涂在黑色无纺布垫片上，将金叶片放在一旁待用。

把金叶片粘贴在黑色无纺布垫片上，然后将绸带从中间折成两个椭圆形完成蝴蝶结的制作，接着用热熔胶粘住。

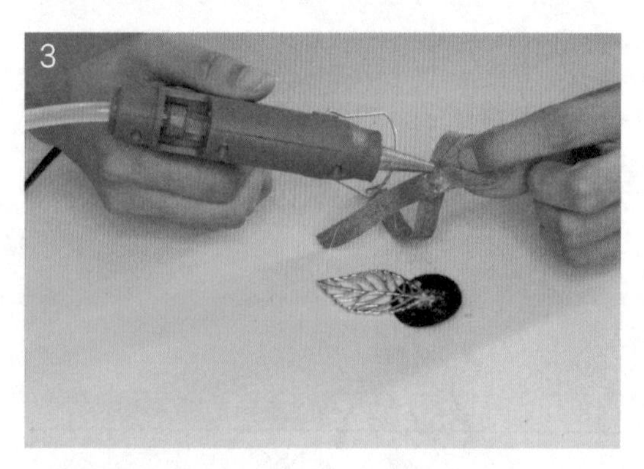

将蝴蝶结粘贴在黑色无纺布垫片上的金叶片之上。

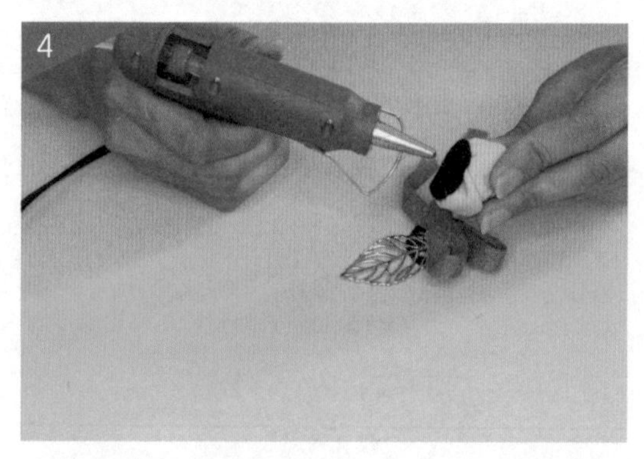

用热熔胶将花朵粘贴到蝴蝶结中间后，接着在金叶子与花朵交界处涂上热熔胶从底部开始粘，首先粘上合金小梅花花托，再粘贴上带托皓石，最后粘贴上合金多钻花托。

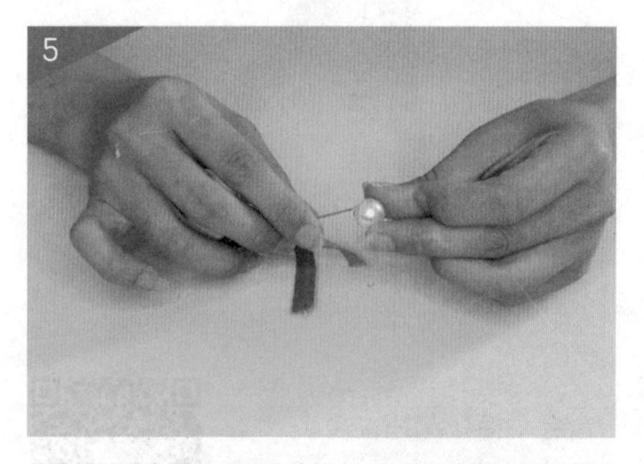

将热熔胶涂在黑色无纺布垫片上，把第四步的完成品粘贴到胸针上，再用带塞仿珍珠、标牌把胸针包上并固定好。

甜美蝴蝶结胸针制作完毕。

课题练习

运用重复或特异的基本构成形式，完成一款纪念胸章的设计与制作。

知识应用与思政目标

1. 掌握胸饰类配饰的制作程序并将其运用到具体的设计中。
2. 提升自我对设计内涵的理解，具备精益求精的工匠精神。

任务三　挂饰的设计与制作

情景描述

随着人们对美的认识和要求不断增强，挂饰已经成为人们生活中不可缺少的组成部分之一。一件挂饰的选择不但能够显示出自己个性的一面，而且也能够向别人传达出自己的品位，如图 2-22 所示。

图 2-22　显示个性的可爱合金贝壳钥匙扣

一、挂饰的主要分类和应用特点

挂饰主要是用在服装上，或随身携带的物品上的装饰物。比如纽扣、钥匙扣、手机链、手机挂饰、包饰品等。如果按搭配的物体不同，又可以分为：手机挂饰、包袋挂饰、汽车挂件等。

1. 手机挂饰

手机挂饰是指挂在手机上装饰的物品，随着手机行业的发展，手机饰品已经越来越受到大众消费者的认可和追捧，手机饰品也越发多种多样起来，手机吊饰是手机饰品中很大的一类，如图 2-23 所示。

2. 包袋挂饰

包袋挂饰即挂在包袋物品上的装饰物。一件经过精心选择的包袋挂饰能够具有画龙点睛的作用，如图 2-24 所示，FENDI 的 Karlito 系列皮草挂饰，将其最能体现品牌历史的皮草材料运用在了配饰款式的设计中。通过在造型与材料质感上的表现，形成触觉质感与视觉视感的对比，使之成为了时尚圈中的又一追捧对象。

图 2-23　鲁特家族 / 罗雪梅

图 2-24　Karlito 系列皮草挂饰 / FENDI

3. 汽车挂件

汽车挂件，是一种体现车主个性与审美，同时与车内装饰相协调的装饰物。目前市面上的主要汽车挂件有木质的汽车挂件、玉石汽车挂件、玛瑙汽车挂件、金属汽车挂件、陶瓷汽车挂件、树脂汽车挂件等，如图 2-25 所示。

图 2-25 树脂汽车挂件

二、挂饰的美学原理和搭配法则

1. 挂饰的美学原理

美感或审美经验是指人们欣赏美的事物所产生的一种愉悦的心理体验，美感产生于事物与心理活动之间的交流，世界上的美有着不同的种类和层次。挂饰的美学就是集合了多种因素而表现出来的综合美感。其影响因素很多，包括造型、色彩、材料和加工工艺等。

在设计中应注意对造型要素的组织和运用。它们之间不是简单的形的叠加，而是形与形之间，形式与形式之间关系的协调。此外，材质的选择和工艺的要求应该与造型和色彩相匹配，才能使之形成协调的美感。

2. 挂饰的搭配法则

挂饰和其他实用美术品一样具有物质上和精神上的双重作用，既有实用功能，也有装饰功能，它包括搭配物与挂饰的统一、挂饰与环境的统一等。挂饰的搭配法则就是把诸多因素有机组合在一起，形成一个完美的整体，使人感受到既丰富又统一，既多样又有条理的美。

因此挂饰的搭配原则具有以下特性：

（1）搭配物与挂饰的统一

挂饰只有在色调、材料及形式当中与包袋或手机等的造型、色彩等风格相协调时，才能对视觉产生美的影响。

（2）挂饰与环境的统一

环境，不仅是人们活动的场所，还包括社会、时代、民族乃至文化教养等有关因素。环境能影响人的审美，按照着装审美标准，在何种环境、场合使用或佩戴何种饰物，在某种程度上，能够反映出人们的审美能力、个性观念和道德水准。如汽车挂件有各种不同材质和造型，每个人会根据自己的喜好来进行挑选。比如，年长一点的车主可能会选择木质或玉石类的挂饰，而年轻人则更多倾向于选择可爱、好玩的挂饰。此外，汽车挂饰的主体部分不宜过长，以免影响汽车在行驶过程中的安全。恰如其分的大小，又能在行车或有风吹动时轻微晃动或者发出轻微的声音，既能稍微缓解行车者的疲劳感，又可以增加美感。

（3）从属性原则

挂饰与人，人是主体，因而挂饰要根据着装对象的特点而定。挂饰虽处在从属地位但却不容忽视，因为这些装饰可以弥补一些着装对象的不足，而且能提高人或物品的档次。

三、挂饰的设计与制作

挂饰作为一种在生活中可以给予人们某种潜在动力的装饰对现代生活中的审美风向带来了不可忽视的影响。在不同的环境与场合中，一件巧妙的挂饰，便可为生活平添无限的光彩和乐趣。结合本项目的学习任务和知识点，我们的课题练习设置为：设计并制作一款可爱活泼的流行挂饰。

课题

可爱合金贝壳钥匙扣

1. 理解课题

（1）如何理解本次设计主题?

“可爱”这一主题词汇我们在前面的项目设计中已经有所提及。它本身有讨人喜欢的意思。容易让人联想到青春、美好的事物，也是当下特别受年轻女孩喜欢的风格。在这一次的项目设计中我们需要把握“可爱”主题灵感与视觉呈现之间的关系，最后通过视觉的呈现来表现本次设计主题。

（2）以什么样的形式和风格来表现本次主题?

在本次项目设计中，为了突出“可爱”这一设计主题，我们将采用星星、贝壳等象征青春、浪漫的具象造型来进行主题表现。风格上突出活泼可爱的主题。

（3）选择什么样的色彩搭配和情境应用?

粉红色、白色等清透色系都是适合年轻女孩的色彩，它象征着纯洁和活泼、娇俏与可爱。因此，我们在本次项目设计中将使用清透色系的色彩组合。该钥匙扣适用在与时尚类包袋的搭配中。

2. 市场调研与分析

近年来，由于市场的需求在不断扩大，各种类别的钥匙扣层出不穷。作为一种配饰，它也受到更多年轻人的喜爱。针对不同消费人群去定位设计的钥匙扣也非常多。考虑到本次项目设计的主题是“可爱”，因此，我们对其的设计定位是以迎合大多数年轻女性的喜好而进行设计的。在材质上的选择，也将考虑采用当前市面上普遍适用的合金材质进行表达，整体风格突出“可爱”这一主题。

3. 创意与构想

星星、天空、海洋等是青年一代所热衷的事物。它代表着青春、浪漫和幻想。因此，为了突出本次设计主题，在造型上我们采用了贝壳和星星作为钥匙扣的主要视觉元素；色彩上选择了粉色、白色与玫瑰金进行搭配，使整个钥匙扣充满了青春活泼的感觉。

概念方案：设计一款可爱的合金贝壳钥匙扣。造型以星星、贝壳等形态为主，材料为合金，色彩以粉色、白色与玫瑰金进行搭配，旨在突出可爱这一主题。

4. 绘制草图和效果图

当有了基本的构思以后，我们就可以开始尝试绘制可爱合金贝壳钥匙扣的草图了，如图 2-26 所示。然后再根据本次项目设计的需要和主题要求，对完成的草图进行分析和修改，最后画出正稿效果图，如图 2-27 所示。

图 2-26　草图

图 2-27　效果图

5. 准备材料和工具

材料：玫瑰金五角星钥匙扣、合金五角星、合金贝壳、小圆圈
工具：圆嘴钳

可爱合金贝壳钥匙扣

6. 实践制作

经过前面的多番调查、论证、筛选、细化，定稿后，便可以进入具体的制作阶段了。

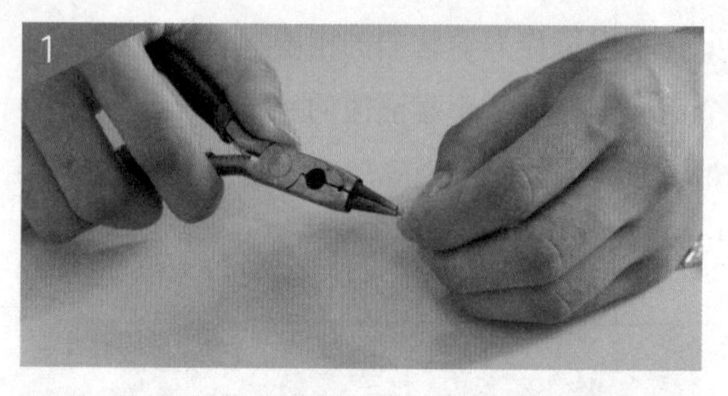

使用圆嘴钳将小圆圈的开口扭开，接着把合金五角星穿入其中。

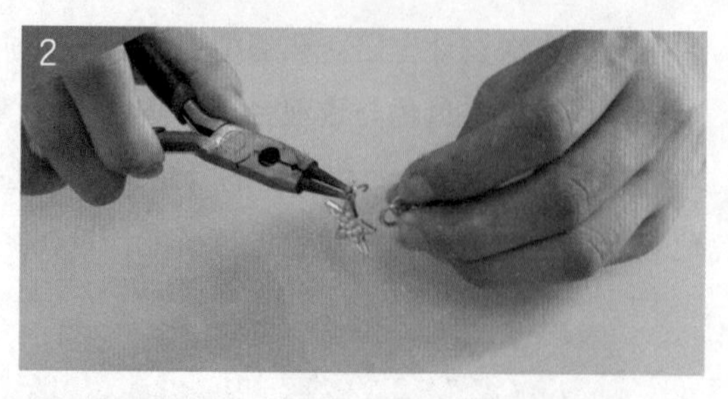

再将已经穿入合金五角星的小圆圈穿进玫瑰金五角星钥匙扣的链子中，然后用圆嘴钳将小圆圈开口处折弯闭合上。

用圆嘴钳将小圆圈开口扭开，并将链条穿进已扭开开口的小圆圈中。

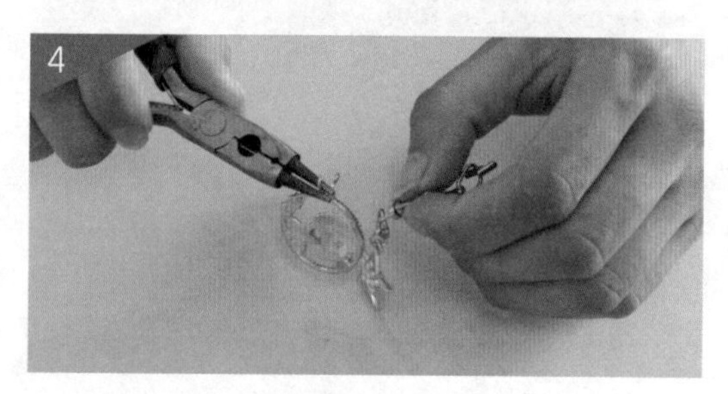

然后将玫瑰金五角星钥匙扣和合金贝壳穿入已扭开开口的小圆圈中，接着用圆嘴钳将小圆圈开口扭至闭合状。

可爱合金贝壳钥匙扣制作完成。

课题练习

以自然形态或人工形态为设计灵感，完成一套时尚挂饰的设计与制作。

知识应用与思政目标

1. 了解时尚饰品设计形式与内容的象征性，并将其运用到主题设计中。
2. 具有举一反三的能力，能够把创意、文化、情感相结合并转化为创意饰品。

扫一扫
获取更多操作案例：

甜美流苏钥匙扣

Ⅲ 项目三 服饰饰品设计与制作

任务一　帽子的设计与制作

任务二　腰饰的设计与制作

任务三　包袋的设计与制作

任务四　鞋子的设计与制作

任务一　帽子的设计与制作

情景描述

时尚走过红绿橙紫，走过蓝白灰碧，伴随着人们生活环境的不断变化，同样也影响着时尚圈流行趋势的不断更迭。人们在追求时尚风潮的同时，也将生活的细节融入了时尚审美之中。帽子不但可以给寒冷的冬天带来温暖，也可以为整体造型的搭配增添光彩，如图 3-1 所示。时尚之门永远在渐行渐远时留下缝隙，等待着人们的审视与聆听。

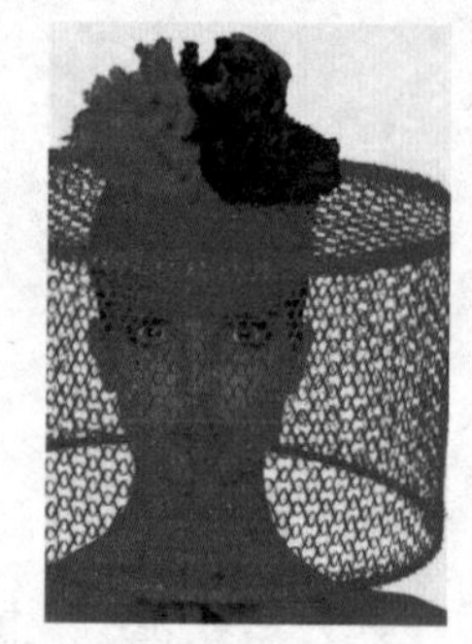

图 3-1　帽饰 /Pierre Cardin

一、帽子的主要分类和应用特点

帽子泛指遮盖头部的服饰的总称，面纱、发带、假发、头巾也归属其中。帽子的种类多种多样，有以用途和目的归类的，有以材料形态列举的，下面仅就造型变化对其进行区分。

1. 钟形帽

钟形帽是流行于 20 世纪 30 年代的一种女帽，前檐较低，帽子像一个挂钟而得名，它起源于法国。这种女帽帽顶较高，帽身的形态方中带圆，帽檐窄且自然下垂。戴用时，一般紧贴头部。通常选用毡呢、毛料或较厚实的织物制成，有的还装饰一些饰物于帽边上，如图 3-2。

2. 宽盆帽

图 3-3 中的宽盆帽是一种帽檐宽大平坦的帽子。它的帽座底边往往镶有蝴蝶结或花朵

图 3-2　钟形帽

图 3-3　宽盆帽

等饰物，帽檐边缘也有类似丝缎包边的装饰。此种帽式在 18 世纪的欧洲，作为一种遮阳兼装饰用的华丽而高贵的礼帽，曾流行过很长一段时间。

图 3-4 圆顶礼帽 / 陈栩媛

3. 圆顶礼帽

圆顶礼帽是毛毡帽的一种，在英国伦敦曾是英国绅士与文化的象征。这种帽子具有柔软的圆顶，帽檐较宽并均匀向上翻折，大多选用毡呢、毛料、棉麻等织物制作。起先设计的出发点是利用硬式材质来保护头部，后来因其类似上流社会配戴的高顶丝质礼帽，但价格又不那么高昂，毛毡的质料也容易清洗，因此颇受社会小康阶层欢迎，如图 3-4。

图 3-5 贝雷帽

4. 贝雷帽

图 3-5 中的是贝雷帽。贝雷帽最早出现在古希腊和古罗马，男女老少皆可使用。它是一种扁平的无檐呢帽，帽身帽顶不分，帽身宽大，帽顶平坦。一般选用毛料、毡呢等制作，具有柔软精美、潇洒大方的特点。戴贝雷帽时，要将帽子贴近头部，并向一侧倾斜。这种帽子在日常生活中也应用广泛。

5. 鸭舌帽

鸭舌帽是一种以帽顶的前部和月牙形帽檐扣在一起略呈鸭嘴状的帽子。此类别的帽子起初是供猎人打猎所用，因此又被称为“狩猎帽”。它帽身扁平，前方有鸭舌形帽盆，帽身前倾与鸭舌相接，给人以轻便、机灵的感觉（图 3-6）。我国的八角帽、军帽也属此类。如今，鸭舌帽更多以更时尚的形象被应用于时尚运动类的服饰搭配中，因此，又被称之为棒球帽或运动帽（图 3-7）。

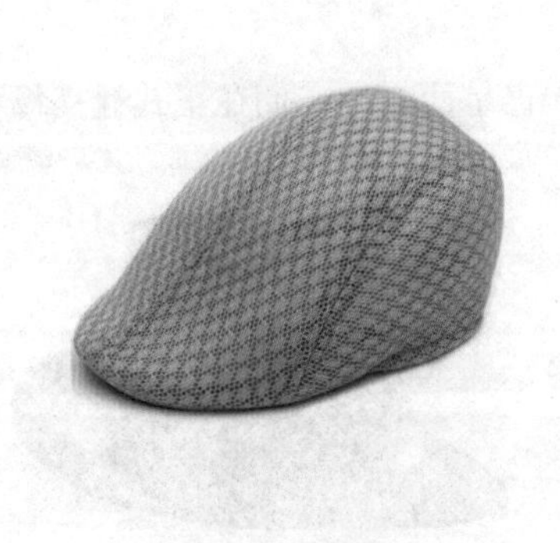
图 3-6 鸭舌帽

图 3-7 运动帽

6. 牛仔帽

图 3-8 中的是牛仔帽，帽身较高，冒顶部微微向上凸出，帽盆较宽，两侧向上翻卷，常以麦秸、毡呢和皮革等材料模制而成，常见于美国西南地区以及加拿大、墨西哥等国家，多与牛仔装搭配，此帽因长期流行于美国西部因此亦被叫做西部帽。

7. 连衣帽

图 3-9 中是连衣帽，又称兜帽，特指那种和上衣连在一起、能遮盖头发与双耳的垂帽。它通常与运动服或风衣连于一体成为连帽上衣。兜帽一般能遮盖头部和颈部，并可通过系带或扣子调整帽子的松紧。不用时，可拆下或垂于背后，十分灵活多变，因此也深受喜欢扮酷的年轻一代的追捧。

图 3-8 牛仔帽

图 3-9 连衣帽

8. 斗笠

图 3-10 中是斗笠，它是一种顶部较尖、底宽的倒锥形帽，帽内附有带状支撑物或由竹料编制的环形帽座。此帽通常采用竹料或天然草等编制而成，具有结实耐用、透风性好等特点。

9. 大礼帽

图 3-11 中是大礼帽，它是一种帽顶高而直的男用礼帽。这种礼帽的帽檐窄而硬，帽座底边饰有一圈由丝织品制成的绲边，是所有绅士帽中最正式的一种。这种礼帽通常与比较正式的服装搭配，显得庄重而又气派。

从 18 世纪登上男装的历史舞台开始，大礼帽就一直是西方绅士们在正式社交场合帽式

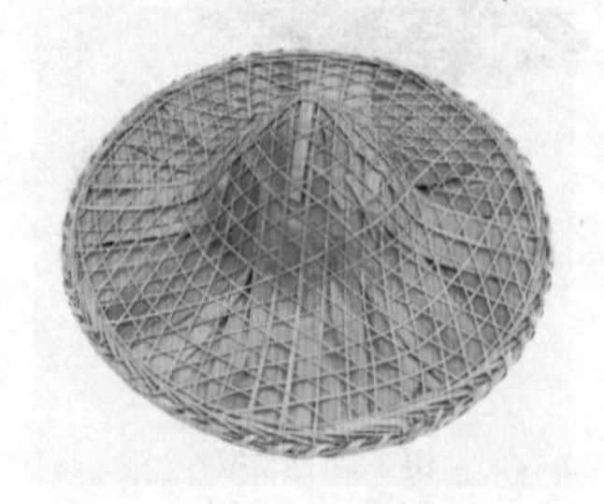

图 3-10 斗笠

图 3-11 大礼帽

的首选。就算在当下，英国贵族们在出席皇家最高规格社交活动时，也还是会选择佩戴大礼帽。

10. 无边帽

此种帽式无帽檐，顶部多使用蝴蝶结，花朵等作为装饰。一般选用毛呢或针织品制作，如图 3-12 所示，具有柔软轻便，舒适实用的特点。

图 3-12　无边帽

11. 罩帽

罩帽是起源于 14 世纪的一种能够罩住头部及后颈部，并在颌下系带的帽子。它是一种欧洲传统女式帽，18 世纪曾是妇女们广泛应用的帽式，作为遮阳避风之用，后又演变为上流社会女性常用的帽式。有无盆式和有盆式两种，帽式变化很多，现在这种帽子主要为婴儿使用，如图 3-13 所示。

图 3-13　罩帽

12. 半帽

严格地说，半帽应该算是一种发饰，宽幅的，为一种半帽，如图 3-14 所示；窄幅的，即日常生活中常见的发箍。有极其高档华丽的，也有相当简洁朴素的。前者多饰有蕾丝花边，和礼服配套，高雅华贵；后者则颜色种类较多，与便装相配，轻快俏皮。

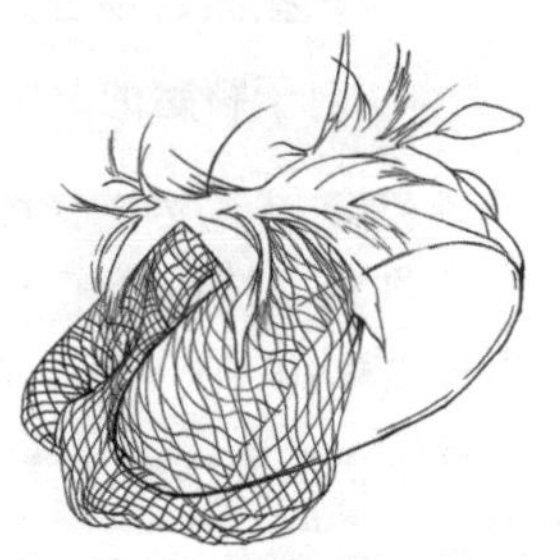

图 3-14　半帽

二、帽子的美学原理和搭配法则

1. 帽子的美学原理

帽子具有颠覆现状、“画龙点睛”的能力，每一顶帽子都有它自己的灵魂，帽子是雕塑、建筑、缝纫和手工艺的结合体，是可佩戴的艺术，是戴在头上的风景，它可以使人改变心境，也可以表达出佩戴者的品位和修养。

一顶帽子的诞生从造型设计、材料选择到色彩应用等方面都需要设计者具备相关的知识基础和审美素养。从表面上看，三者的侧重点均有所不同，但其内在却有着密不可分的关系，同时这些审美的经验和形式观念，又使整体的配饰关系符合美学形式法则，从而生发出独特而富有吸引力的帽饰。

2. 帽子的搭配法则

在传统上，帽子是身份和地位的象征，现如今，它又成为人们服饰美的一个重要组成部分。帽子的形式五彩纷呈、多种多样，无论是色彩上，还是款式和面料上，都有着更新、更广阔的发展。

帽子虽小，却有惊人的聚光效果。选对一顶适合自己的帽子，就能轻松做到“帽”美如花，给人耳目一新的感觉。

(1) 帽子与服装的搭配

帽子种类很多，如何选择合适的帽子与服装进行搭配，也是有讲究的。通常佩戴与服装同色或与主色调相近的帽子能给人以清新、高雅之感；佩戴与服装色彩形成强烈对比的帽子则使人感到活泼矫健；穿西装、风衣、呢大衣时更适合佩戴礼帽；着运动服，则适合戴棒球帽或空顶帽等。

不同的服饰风格须搭配与之相协调的帽子，才能全面完善服饰的整体配套。

① 可爱精致风格的服饰在搭配时，可以选择贝雷帽和针织帽。其中贝雷帽清新唯美，可以凸显女生清纯可爱的一面。

② 帅气的服饰更适合搭配鸭舌帽或者报童帽。尤其女生佩戴报童帽，更容易彰显出刚柔并济的美感。此外，可以选择棕色或棕色格子做复古搭配。

③ 钟形帽带有英伦风情，适合搭配格调高雅的服饰。

④ 一些派对场合，帽饰的选择则需找专业的设计者打造，以稳保派对焦点的地位。

⑤ 对于特定的服饰，则需找专业的设计者打造，使其更符合个性化的需求。

(2) 帽子与人的搭配

现代女性选择帽子不仅仅是寻找一件防晒或保暖的物品，而是追求一种生活状态，是个性风格和个人情趣的体现，而对服饰品搭配能精确把握，则是必备常识。针对每一位时髦女性来说，选择帽子首先应注意自己的脸型特征，才能扬长避短，相得益彰。

①活力满满的棒球帽，一直深受年轻女性的喜爱。从造型上来看，棒球帽对于头部的修饰主要在上半部分位置，所以比较适合棒球帽的脸型为，鹅蛋脸和心形脸这种下半张脸比较好看显瘦的脸型。

②在时尚流行领域经久不衰的滑雪帽更适合方形脸的女性；而圆脸可戴一些造型硬朗的帽子，如男式帽、高顶帽等。

③宽檐帽的风格比较多变。浅色系的宽檐帽和深色系宽檐帽的修饰效果差不多，特别适合脸小的女性，尤其是心形脸，鹅蛋脸，而菱形脸也可以通过宽檐帽解决高颧骨的问题，整个人的气质会修饰得更加柔和温婉。

④太阳帽比起其他的帽子多了一种复古的气质。这种顶部圆圆的帽子很容易解决女生额头大和脸部过长的问题，特别显脸小。

(3) 帽子与环境

身处复杂的社会，人人都在寻找自己的位置，努力摆正自己的位置。掌握好戴帽技巧，确定配帽的环境场合，从而能与环境相和谐，是真正的“从头做起”。社交场合配帽的精巧华丽，运动场所帽式的随意休闲，皆能体现出佩戴者的文化修养。永远讲究多一点，就永远精致多一点、出众多一点。

三、帽子的设计与制作

帽子的款式和选材较多，主要材料一般为线带、织物、毛毡、皮革、塑胶等。局部装饰手法也非常丰富，有缎带装饰、纱网装饰、花艺装饰、羽毛装饰、珠宝装饰等。因此，造就了形式多样的帽子。结合本项目的学习任务和知识点，我们的课题练习设置为：设计并制作一款欧式羽毛小礼帽。

课题

欧式羽毛小礼帽

1. 理解课题

(1) 该如何理解本次设计主题?

在欧洲国家，戴帽子是一种文化。欧洲名媛经常会选择戴夸张的帽子来展示自己的身份。那些帽子有宽大的帽檐、羽毛、网纱和一堆装饰，相比较其他普通形式的帽子，欧式小礼帽更成为了一道独特的风景线。

如今，欧式羽毛小礼帽虽然保留了原有的部分装饰风格，但是帽子设计越变越小，已经成为了一种发饰。在本次欧式羽毛小礼帽的设计中，我们将着重从传统欧式礼帽去展开思考和借鉴，并将其装饰手法和设计元素应用到项目设计中去。

(2) 以什么样的形式和风格来表现本次主题?

现代的帽子已不像过去需要使用笨重的材质叠加才能让帽子保持固定造型和质感，轻巧舒适才是帽子的首要功能。尤其是会选择佩戴欧式礼帽的女性，大多是对传统文化比较重视的女性。她们往往对帽子的造型和质地要求比较高，这也是她们个人品位的最好展示。

花朵、几何立体造型或是鸟类羽毛的装饰都是年轻女性的最爱，它们在端庄中略显可爱，俏皮中不乏时尚，又会让女性显得别有风味。自然也给予了我们很好的设计灵感和方向。

(3) 选择什么样的色彩搭配和情境应用?

黑色是一种很强大的色彩。它既可以让其他颜色 (亮色) 凸显出来，又可以流露出高雅、信心、神秘、权力和力量感。在文化意义层面，黑色是宇宙的底色，代表安宁，亦是一切的归宿。它与白色搭配，更是成为了永不退潮的经典时尚。我们在本次项目设计中，将选择黑色作为主色调，使其能更好地突显设计主题。

在日常生活中，大家一般不会戴欧式小礼帽。只有在一些比较正式或有特殊要求的场合才会戴礼帽。它适合搭配礼服出席各种重要的宴会或商务社交场合，是一种高端着装品位的体现。

2. 市场调研与分析

市面上的欧式小礼帽大同小异，一般情况下，根据不同的款式和风格会采用不同的面料、里料，以及辅料来进行制作。因此，要针对具体的设计方案来进行市场调研和分析。

针对本次设计项目的要求，我们先后进行了网络调研和实地考察。在众多的款式和材料备选中，我们进一步明确了以神秘、优雅作为本次设计的灵魂所在。材质上以羽毛、珍珠、网纱等进行表达，色彩上则选择黑色作为主色调。

3. 创意与构想

无论在中西方自古都有用纱网罩于帽子上面与四周的穿戴方式，以打造一种朦胧之美。羽毛与纱网相同，被广泛用于古时中西方的女性帽饰。结合本次设计主题，我们选择在复古经典的欧式帽型上加以珍珠、羽毛和网纱进行装饰，运用新思维给纱网冠以全新的设计理念，突出“欧式经典”主题。

概念方案：设计一款欧式羽毛小礼帽，并以复古经典的欧式帽型加珍珠、羽毛和网纱进行装饰，打造一种神秘、优雅、朦胧之美。

4. 绘制草图和效果图

当有了基本的构思以后，我们就可以开始尝试绘制草图了，如图 3-15 所示。然后再根据本次项目设计的需要和主题要求，对完成的草图进行分析和修改，最后画出正稿效果图，如图 3-16 所示。

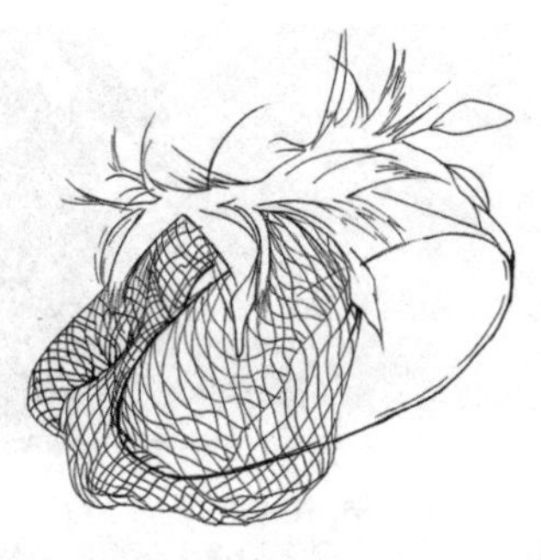

图 3-15　草图

图 3-16　效果图

5. 准备材料和工具

材料：帽坯、黑色斯硬飘羽毛、黑色全羽毛、4 厘米发夹、珍珠、大眼网纱、0.3 毫米铁丝、0.8 毫米铁丝

工具：热熔胶枪、圆嘴钳、剪刀

欧式羽毛小礼帽

6. 实践制作

经过前面的多番调查、论证、筛选、细化，定稿后，便可以进入具体的制作阶段了。

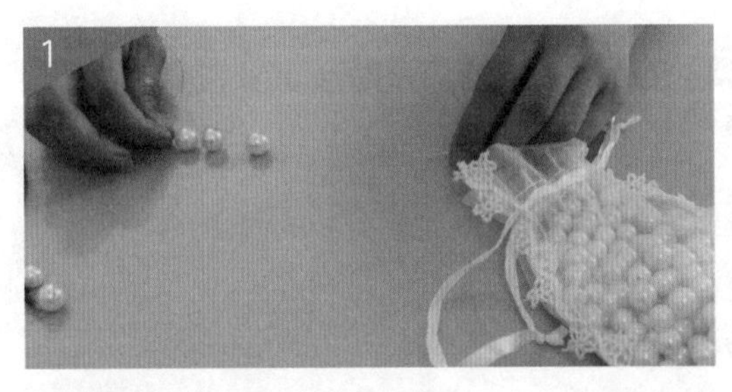

首先用圆嘴钳取 50 厘米的 0.3 毫米铁丝，然后将珍珠逐颗穿在铁丝上直到两端都剩下 3 厘米为止。这样珍珠串就完成了。

将热熔胶枪加热一分钟后，按压出热熔胶沿帽坯中间的帽盆与帽檐相接处涂一圈，接着将珍珠串围绕在这一圈上。然后将铁丝两端预留的 3 厘米相合，并使之相互缠绕 3 下固定。

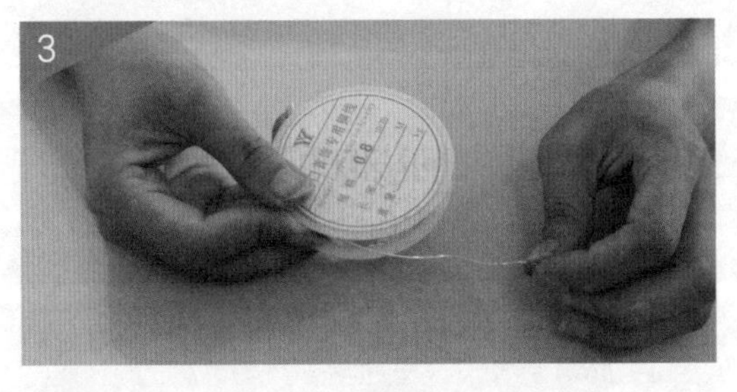

用圆嘴钳取 30 厘米的 0.3 毫米铁丝，将铁丝弯曲成一个上半圆，接着弯曲出下半圆；这样底形就完成了。

将黑色全羽毛涂上热熔胶放在底形上，羽毛一根接着一根放密一点，底形的下面也要放羽毛，在半圆的中间放一根黑色斯硬飘羽毛。重复此操作直到放满整个底形。

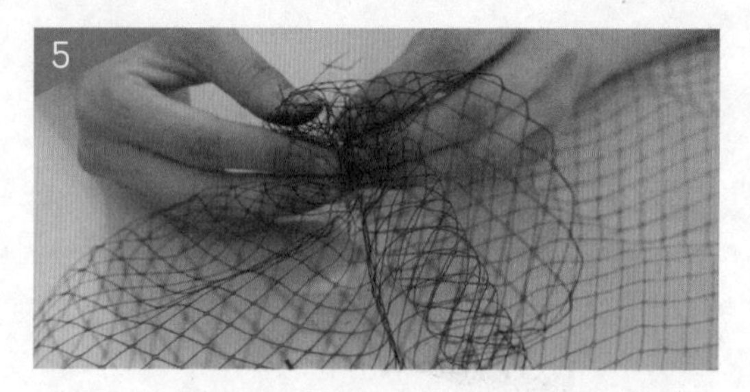

将大眼网纱折叠成一个一个褶之后形成一个大褶，涂上热熔胶固定。

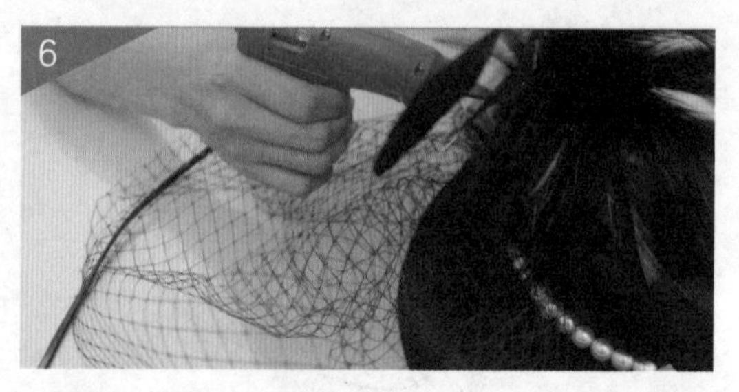

把大眼网纱折叠处粘贴在帽坯珍珠上涂了热熔胶处，接着将羽毛底形围成一个圈之后涂上热熔胶粘贴在大眼网纱折叠处之上。

把两个发夹分别扣在帽子底下左右两边的扣耳上。

欧式羽毛小礼帽便完成啦。

课题练习

从设计的造型要素出发，完成一款帽子的设计与制作。

知识应用与思政目标

1. 学会用形式美法则对设计对象进行判别。
2. 具备严谨科学的设计专业精神和跨界设计思考能力。

扫一扫

获取更多操作案例：

可爱鹿角贝雷帽

森系蕾丝草帽

优雅网纱草帽

森系长纱宽檐帽

任务二 腰饰的设计与制作

情景描述

腰饰作为服装整体中不可缺少的组成部分，由于它不可缺少的实用价值和日益增加的欣赏价值，使其也成为了一种品位、气质和实力的象征，如图 3-17 所示。

图 3-17 腰带 /La Moda，藏于 The Kyoto Costume Institute

一、腰饰的主要分类和应用特点

腰饰主要是指腰间携挂的饰物。它名目繁多，形式也十分复杂，主要包括：腰带、腰链、腰牌等。

1. 腰带

腰带是为束腰系身或装饰美化用的服饰品，它与服装一样有着悠久的历史，并在服装中起着重要的作用。在古代，不同等级的官员腰带的式样、颜色、装饰不同，不可随意佩戴。如今的人们更注重腰带的美观和实用性，它是服装整体中不可缺少的组成部分。

腰带的造型种类繁多，根据它的功能、造型、材料、制作工艺等条件可分成不同的类别。

① 根据功能可分为腰带、臀带、背带、吊带、胯带等。

② 从造型来分，有宽、窄、长、短、特宽、特长，还有菱形、方形及特窄的双重腰带。

③ 从制作材料来分，有皮带、布带、塑料带、草编带、金属带、人造革带等 。

④ 按制作工艺来分，有切割皮带、压模带、编结带、链状带、雕花带、拼条带、珠饰带等。

⑤ 腰带连接处的结构也是多种多样的，有钩子式、回形夹子式、洞扣式、纽扣式等。

2. 腰链

腰链通常是用金属或者塑料等制成的单层或者多层链条式腰带，或紧或松，环绕腰部，以钩环连接，链上亦可以装饰流苏状装饰物，视觉感极强。

3. 腰牌

腰牌源于汉代职官佩印绶的规定，是古代官员日常所佩的身份符信，后来逐渐发展成一种服装装饰品，现在常见的有裤腰上的金属或者厚皮革等装饰牌。

二、腰饰的美学原理和搭配法则

腰饰是服饰中一件很重要的饰物。一条恰到好处的腰饰，可以使一件很普通、很平凡的衣服倍增色彩。在简约的设计中，腰间的装饰能够成为一种女性恬静、古典气质的表达方式。但不能仅仅因为个人的喜好而去盲目选择，应根据服装风格、质地选择腰饰。

1. 腰饰的美学原理

腰饰的设计首先要考虑美的基本要素。作为服饰品，腰饰应能够成为与服装融为一体的要素，尤其是要从形状、色彩、材料等方面统筹考虑，以达到理想的搭配效果。

(1) 腰饰的形状要素

为设计构思选定形状是最重要的关键，这是因为它们传达着一件作品绝大部分的最初的视觉冲击力。形状选用得当，就能够以微妙而显著的方式去改变一件配饰作品的语言。例如，一个正方形，可以以简单的方式体现出有序的形状，因为它拥有均等的边。而我们可以试着做一些简单的改变，或许会有意想不到的效果。如图 3-18 中 FENDI 的黑色皮带，该腰带是一条可调节的细腰带。在材质上采用了皮革结合金属链条和夹扣。链条嵌件饰有 F is Fendi 的图案，予人一种简单大方又不失个性的效果。

(2) 腰饰的色彩要素

在设计的诸要素中，色彩被认为是最能体现出商品价值的要素。一件设计作品的成败，在很大程度上取决于色彩运用的优劣，这对于设计者和消费者来说都是极为重要的。因此，配饰设计不仅仅是对饰品自身形态的研究和设计，还应包括对色彩和纹样的选择。如图 3-19 中 2015 秋冬时装秀里 GG Blooms 印花腰带上的天竺葵印花图案已经成为了 GUCCI 的标志性印花，辅以粉红色系的色彩搭配，让人过目不忘。

(3) 腰饰的材料要素

设计必须由材料来承担其功能和形式。随着社会审美情趣的不断改变，越来越多的设计师和艺术家把综合材料的运用带到了艺术作品中。今天，在配饰设计中已经不再有真正禁忌的材料了。只要是能提升设计作品的品质和价值，能拥有适用性和良好的使用方法的材料

图 3-18 黑色皮带 /FENDI

图 3-19 GG Blooms 印花腰带 / GUCCI

都是好材料，这点在诸如皮带、布带、塑料带、草编带、金属带、人造革等材料的变迁中就可以看到。此外，手工工艺也能提升材料原有的价值。

2. 腰饰的搭配法则

腰饰作为服装的配件，已成为了服装形象的一个部分，因此不同的服装风格需要搭配不同风格的腰饰，比如，淑女式腰带特有的幽雅风格；男式腰带的刚健风格；民族服饰中，各具特色的民族风格等。

从造型规则上来讲，纯色的腰带在淑女型服装上应用较广，适合文静或身材略胖的女性使用。个性化的腰饰则适合衣着现代简洁的时尚人士。从质料上，秋冬季服装，面料一般较厚，需要配以宽度适中的定型腰带。到了夏季，大多穿着面料较薄的衣裙，与之相配的腰饰可以制成定型的，也可以制成不定型的，随意系在腰间，也别具风韵。金属制成的腰链大多较细巧，常用来装饰夏季服装。

此外，腰饰形式多样，所以不同的服饰需要搭配不同的腰饰才能更好体现出它的风格特点。

三、腰饰的工艺特点

腰饰的材料多种多样。如皮革类、编织类、玉石类等不同材质的腰饰，根据其材质和制作工艺分别有着不同的工艺特点。

皮革类包括裁剪、缝纫、整烫等工艺。编织类多以手工完成。常见的编织技法有编织、包缠、钉串、盘结等。而玉石类操作技术已由手工方式跨越入机械化方式，其工艺过程一般包括准备、设计、切削、雕琢和抛光等工序，即传统玉器制作的“议、绘、切、琢、光”五个阶段。在生产过程中，根据不同的材料选择相应的制作工艺。

课题

现代简约腰带

1. 理解课题

（1）如何理解本次设计主题？

每个人都可以判断简与繁、美与丑、和谐与冲突的差异，这种能力有别于知识性的思考，是一种直观的形象思维。在充斥着各类信息的网络世界里人们更渴望看到一种以简洁和纯净来体现功能和美感的设计，这是人们在互补意识支配下，所产生的渴望摆脱烦琐、复杂、追求简单和自然的心理。

虽然说皮质的腰带是最普通的配饰，但是越是普通越显得大气，并且还有一种皮质的光泽感，如果整体造型过于简单就会毫无设计感可言，但如果配上腰带就会显得高贵大气。所以合适的细节处理方法不仅是对服装的精致修饰，还可以增加服装的机能性。

（2）以什么样的形式和风格来表现本次主题？

高级的服装局部造型设计，往往会有很强的视觉冲击力。可以说，细节处理能力是服装设计师区别于他人设计的秘密武器。在着装中，腰部线条有着不容忽视的作用。腰带的选择也是重中之重。不同材质的腰带，会赋予服装不同的创意和美感，这次我们选择的材质是皮革。不同造型的腰带，会赋予服装不同的风格与个性，而我们在造型上采用宽腰带。就连不同系扎部位、系扎方式和腰带的材质以及色彩间的转变，每一个具有设计感的微妙改动都会带来意想不到的惊喜。加强肩部与腰部的对比，强化新女性气质的塑造。除了起到基本的束腰功能之外，在裁片排版过程中也充分利用边角部位减小面料损耗。

（3）选择什么样的色彩搭配和情景应用？

现代简约风的特色是将设计的元素、色彩、原材料简化到最少的程度，但对色彩、材料的质感要求很高。颜色可以说是服装搭配的灵魂，它不仅影响到我们的穿衣搭配，而且也会影响我们的心情和整体形象。黑色是暗色，是明度最低的非彩色，象征着力量、庄重、沉着和高雅，给予人坚强和稳健，是压倒一切色彩的重色。该腰带可以应用在想要追求时尚、个性与品质感的女性的服装穿搭中，利用其能够搭配出时尚、自然、典雅、随意或感性的多样风格。

2. 市场调研与分析

对于此次腰带设计，我们收集了全球与中国市场时尚腰带的发展现状及未来发展趋势，分别从生产和消费的角度分析时尚腰带的主要生产地区、主要消费地区以及主要的生产商。分析了全球市场的主要产品类型、中国市场的产品类型，分析了未来行业的发展走势，产品功能、技术、特点发展趋势，未来的市场消费形态、消费者偏好变化，以及行业发展环境变化等，同时还分析了时尚腰带行业特点、分类及应用。

3. 创意与构想

通过造型简洁、线条流畅的腰带设计，使该腰带可以通过分解和重新拼接在一起的设计手法让服装的每一部分都是完整而又可以独立存在的个体，可以拿出来重新搭配，以达到不同的效果。在不同场合可以运用不同的造型和拼接手段，营造不同的服装风格，从而达到符合使用情景的效果。

概念方案：设计一款现代、简洁的腰带，使用黑色为主色调，采用皮质面料，并且可以通过用丝巾等材料搭配出多种不同风格的服装效果。

4. 准备材料和工具

材料：黑色皮革、螺帽、螺钉、丝巾
工具：直尺、美工刀、一字螺丝刀

5. 实践制作

在经过前面的多番调查、论证、筛选、细化，定稿后，便可以进入具体的制作阶段了。

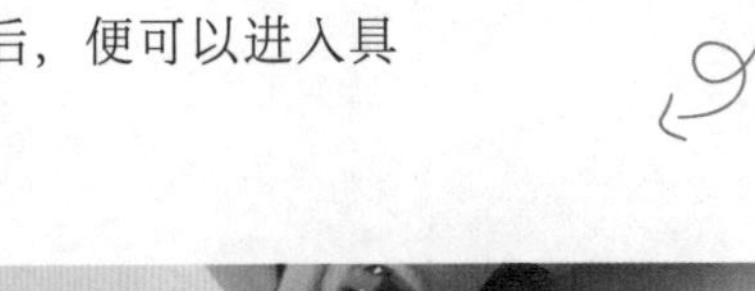

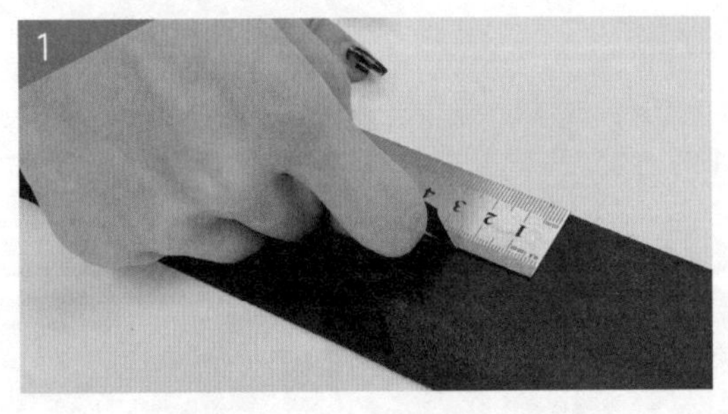

用直尺测量好腰带需要的尺寸，然后用美工刀将黑色皮革裁剪出正确的长宽尺寸。

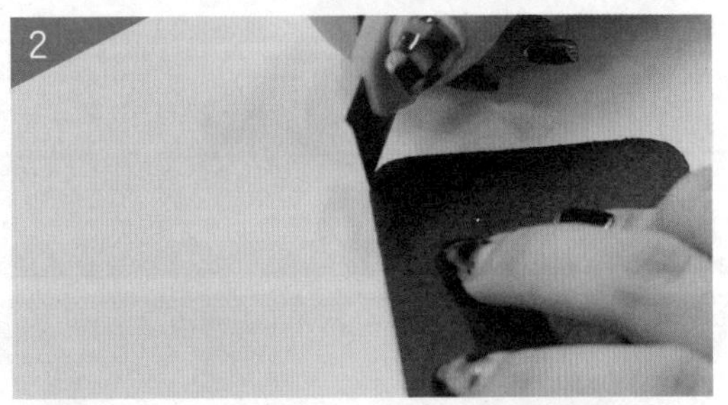

用美工刀将上一步裁好的皮革四个角切割成圆角，使四角形成完美的圆弧。

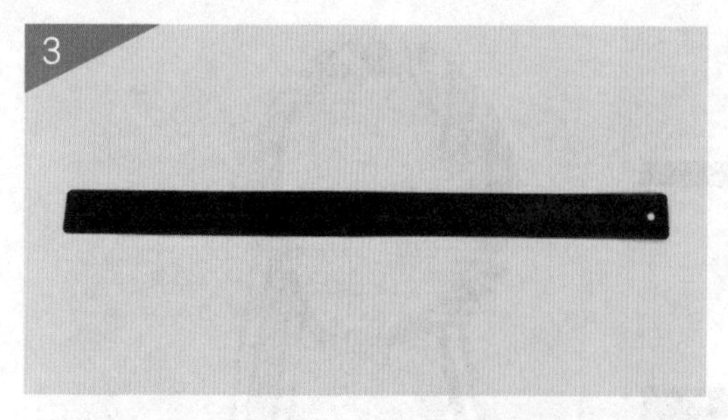

在腰带头部打一个与准备好的螺帽、螺钉相符合尺寸的洞。

在腰带尾部打三个距离相当、大小相同的洞。

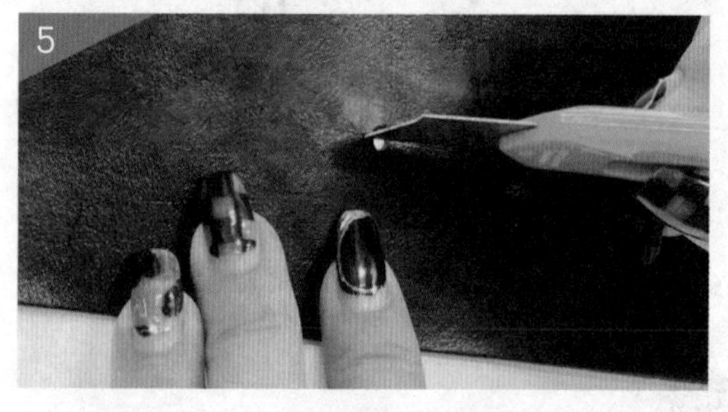

腰带尾洞打好以后，用美工刀在洞上划长度为 1 ~ 2 毫米的小口。

将准备好的螺帽插入腰带头部洞的正面。

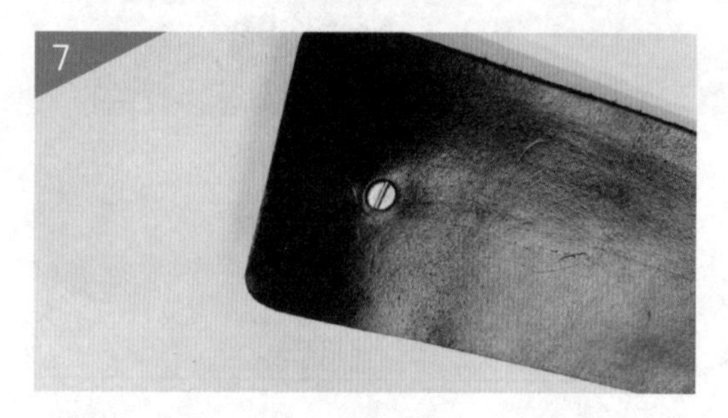

将准备好的螺钉放入腰带头部洞的反面。

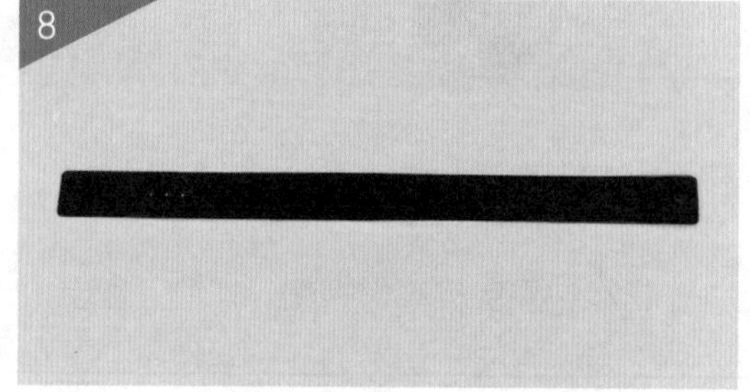

用一字螺丝刀将螺帽、螺钉拧紧，完成。

任务三　包袋的设计与制作

情景描述

几百年来，包袋从服装的附饰物，到今日能左右时尚潮流的地位，走过了装饰、实用、审美的漫长历程。其造型犹如时装一般，日新月异，不断地变化。环保、名牌效应、传统元素、材料革新等，无不在包袋的设计和装饰上打上了各自的烙印，如图 3-20 所示。从某种意义上说，包袋的审美便是设计者对社会风尚的诠释。

图 3-20　传统花纹刺绣包 / Etro

一、包袋的主要分类和应用特点

包袋是一种一端开口，可以盛放小件物品、钱币等能随身携带的各种物品的工具的统称。一般用硬质材料制作的称“包”；用软质材料制作的称“袋”。包袋的种类很多，根据不同的需求，分类的方法也不同。按用途可划分为：

1. 女士用包

女士用包是女士上班、访客、外出时携带的一种较为正式的包。它的包体不大且不厚，比较轻巧、精致，如图 3-21 所示。

图 3-21　Hermès Birkin 鳄鱼皮包 / Hermès

2. 背包

背包通常是指双肩背包，有方底和圆底两种，多在人们外出时携带。它的包体比女士包大些。

3. 沙滩包

沙滩包是一种休闲布包，外出郊游时携带，常采用棉、麻、牛仔布、草等材料制作，并常会用拼接、布花、刺绣等方式装饰，如图 3-22 所示。

图 3-22　条纹沙滩包

4. 腰包

腰包是固定在腰间的一种包，腰包体积较小，常用皮革、牛仔布等面料制作，形式多样，在外出旅游和日常生活中都可以使用。

5. 公文包

公文包是一种狭窄的箱形袋，这种包通常为上班族上班时携带。它的包体适中，造型简洁大方，表面无多余装饰，多用皮革制作，内有隔层以放置各类文件或手提电脑，一般与正式的上班着装相配。

图 3-23　2016SS 春夏系列鞋包配饰设计 / FENDI

6. 宴会包

宴会包是一种装饰性很强的包，包体不大，有手提式和夹于腋下式。一般是女士出席正式社交场合所携带，常采用人造珠、金属片、金属链、刺绣图案、花边等装饰，如图 3-23 所示。

7. 化妆包

化妆包是女士专门用来盛放化妆品的一种包，常用棉布、绸缎等制作，并常用花边、缎带等装饰，有的化妆包盖里面还装有一面小镜子。

8. 钱包

钱包是用来装零钱、名片、信用卡等物品的小包，包体小、较薄、可以拿在手上、内有夹层。钱包通常用各种皮革制作，一般放在服装内袋或随身携带的包内，如图 3-24 所示。

9. 旅行包

一种体积较大的包型，可在外出旅游时装行李用，它的特点是结实耐磨。手提式一般用皮革、牛津面料制作。

图 3-24　筒竹系列钱包 / 郑善怡

10. 单肩挎包

单肩挎包是一种包体不大且较轻薄的包型，单肩挎式，背带较长。用于制作这种包袋的材料很丰富，各种皮革和面料都可以，还可以用编织的手法制作。包体上的装饰手法多样，有刺绣、流苏、穗子、珠串绣等，是年轻人很喜爱的一种包，如图 3-25 所示。

图 3-25 都市武装系列箱包 / 徐信华 卢舒华

二、包袋的美学原理和搭配法则

包袋作为集装饰性和实用性为一体的配饰品。无论从形态、结构或功能来看，美学、人体工程学和卫生学等学科都在对其的设计产生影响。在日常生活中，它的出现往往要考量与服装、身份、环境等因素的搭配，才能提升整体的美感度。

1. 包袋的美学原理

即使箱包的起源是以实用为基础的，但时至今日外观的美丽也越来越能够刺激人们的购买欲。箱包的造型和色彩决定其美感，各种形式美法则的合理配置，是表现箱包外观理想艺术效果的最佳方法。

(1) 单纯法则

单纯法则体现的是简化的原则，呈现的是一种量感与力度的美。从某种意义上来说，包袋设计的单纯法则是指造型表现形式的一种简化表达。它提倡用简洁的线条表现包袋的完整性和统一感，如图 3-26 所示。

图 3-26 错位幻想 / 林文燕 吴同奋

(2) 色彩法则

色彩是最能够刺激人类感官的元素之一。它不仅能够迅速吸引人的注意力，同时能够增强人们的购买欲望。优秀的设计师能够意识到色彩的效果，也能够注意不去不加选择地使用色彩。对包袋设计而言，挖掘色彩元素并将其灵活运用，是非常必要的。比如阳光灿烂的夏季服饰品多数会选择色彩鲜明的高纯色进行搭配，包袋饰品也不例外。而黑白的对比运用，更是一种永恒不退潮流的配色典范，如图 3-27 所示。

图 3-27 翅结之茧 / 黄明智 苏雅曼

(3) 功能法则

一个好的设计师应该对他或她的作品有一个整体的想法，这样才能考虑到该设计的所有方面并把它们包括在设计的整体想法当中。因此，一个部件的功能并不只是一个单独的、实用的部分，而且也是整个设计潜在的不能分割的组成部分。包袋饰品本身就是既具备功能性又能体现形式美的配饰品，在设计的过程中更应该注重将形式美学的原理和功能性相结合，使其好看又好用。

图 3-28 中是张嫕婧与鞋子设计师 Rachel Chang 合作为 Intel 设计的一款集功能与装饰性为一体的电脑包，使用了树脂、线、木头与原色植鞣革等材料进行制作，个性十足又兼具了良好的实用功能。

图 3-28　String Bag 电脑包 / Ejing Zhang × Rachel Chang

2. 包袋的搭配法则

包是女人最爱的配饰品之一，包的品质、款式、面料都会因局部处理的不同而出现千变万化的样式，女性对包的喜爱远远超出其他饰物。如何选择和搭配一款好看的包，已然成为提高身份、增添魅力的重要表达方式。

下面介绍几种普遍的搭配方法：

(1) 包与服装的搭配

① 同色系：包和服装选择同色系的搭配方式，可以营造出非常典雅的感觉。例如：浅色套装 + 黑色包。

② 对比色：包和服装如果采用强烈的对比色，是一个非常抢眼的搭配方式。例如：黑色套装 + 白色包。

③ 与服装印花色彩相呼应：包的颜色可以是服装花色中的一个颜色（图 3-29）。例如：蓝色印花 + 蓝色包。

图 3-29　动物双肩包 / 杜旸

(2) 包与人的搭配

年轻人应选色彩感强、款式入时的包，以展示青春活力；中老年和上班族应选择颜色稳重、款式大方的包，讲究饰物、面料高级、精致剪裁，体现高雅端庄的气质；除此之外，越来越多的人喜欢背着大包，这种包的最好诠释者应该为身材高挑的女性，不但可以增添包的光彩，重要的是背包的人会因它而显得更加帅气、洒脱。小巧的手提包则是妖娆女人的必备品。

(3) 包与环境、场合的搭配

包的款式色彩要与环境、场合相协调。上班时的包应正规严谨；休闲游玩时的包要自然轻松；宴会酒会用包应高雅别致。总之，包与环境的关系同服装与环境的关系一样，应能够反映出人们的审美和个性。

三、包袋的设计与制作

设计来源于生活，同时又服务于生活。在我们酝酿设计思维的过程中，常常会寻找参照物，取其精华、去其糟粕，最终为我们新的设计所用，这是一种设计借鉴的过程也是现代时尚设计活动常有的思维方式。结合本项目的学习任务和知识点，我们的课题练习设置为：从材质上寻找灵感，完成一系列时尚包袋的设计与制作。

蓝色小斜挎包

1. 理解课题

(1) 该如何理解本次设计主题?

这一次的项目练习主题是从材质上寻找灵感来完成一系列时尚包袋的设计与制作。所以在这一次的练习中我们需要把握设计灵感与材质、视觉呈现之间的关系。

明确设计主题与灵感来源是设计的第一步。我们大概为本次的设计定出了几个关键词：现代、简约、几何、皮具。

(2) 以什么样的形式和风格来表现本次主题?

我们经过讨论以后，进一步明确了整体设计的审美风格为当前比较盛行的中性简约风，即是在配饰的穿搭中模糊了男女的性别概念，是男生女生都可以进行穿搭的配饰风格。

(3) 选择什么样的色彩搭配和情境应用?

在这次的色彩搭配上更多的是趋向于以某种鲜亮的纯色调作为主要的色彩表现，辅以少量它色作为点缀。适用于服装秀场、时尚类的服饰搭配或特定场景的需求。

2. 市场调研与分析

针对本次设计项目的要求，我们花了大约两周的时间通过实地调研、网络调研和图书馆资料查阅等多渠道进行了调研工作。我们对当下国内外设计风格偏向简约的品牌进行了资料收集，在近年的配饰设计潮流中越来越多的品牌以简约设计作为主要的风格，无论是奢侈品品牌 CELINE 还是新兴的潮流品牌 Acne Studios 等都将突出结构块面的设计作为了设计核心，摒弃了过于复杂的装饰细节。在材料的选择上我们希望通过材质的质感对比表现设计理念。

3. 创意与构想

在本次设计中，我们从传统扎染工艺中获得了灵感与启发，在材质上选择了当前深受消费者欢迎的植鞣革牛皮，造型上采用了交叉直线形的简约形态，色彩上选择蓝色调，通过几何直线与随意的色调渐变形成了理性与感性的对比，使得整体造型质感别具新意。

概念方案：以几何的形态和纯色调，塑造一款中性简约风格的小斜挎包。

4. 绘制草图和效果图

当有了基本的构思以后，我们就可以开始尝试绘制草图了，如图 3-30 所示。然后再根据本次项目设计的需要和主题要求，对完成的草图进行分析和修改，最后画出正稿效果图，如图 3-31 所示。

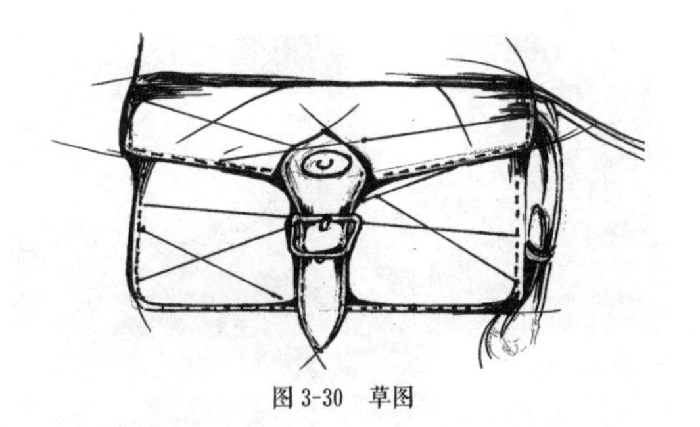

图 3-30　草图

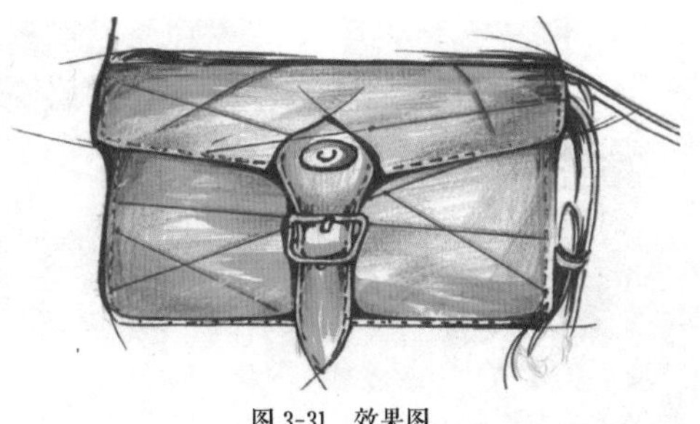

图 3-31　效果图

5. 准备材料和工具

材料：原色植鞣革牛皮、酒精染料、全开卡纸、五金配件、褪色笔、米白色蜡线、床面处理剂、包带

工具：直角尺、四菱斩、剪刀

6. 实践制作

经过前面的多番调查、论证、筛选、细化，定稿后，便可以进入具体的制作阶段了。

准备好开纸版工具，褪色笔、全开卡纸、直角尺。

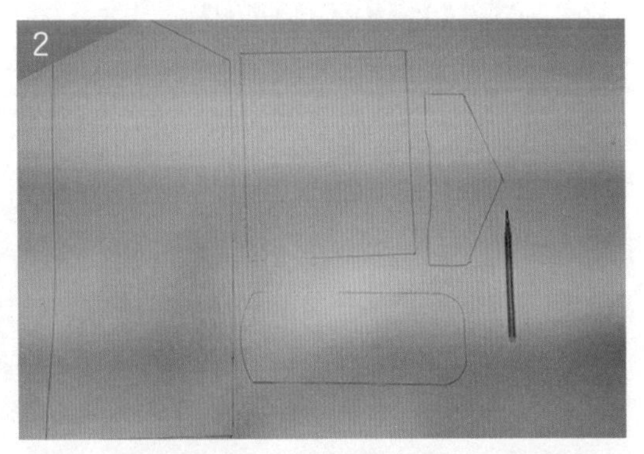

在全开卡纸上用褪色笔绘出包的各个部件，绘画过程注意尺寸、对称。

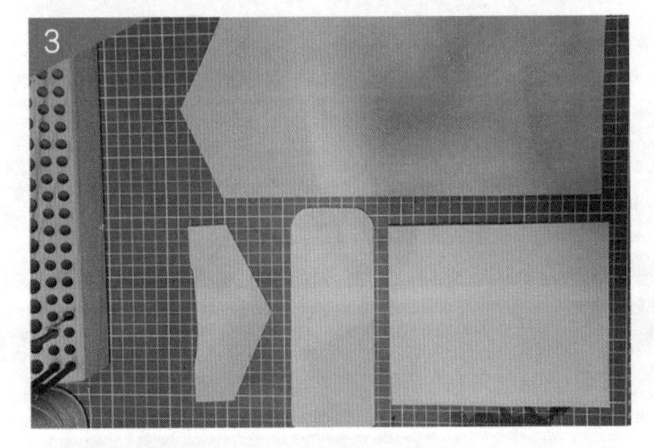

从卡纸上将纸版剪下来后用纸版开出皮料。

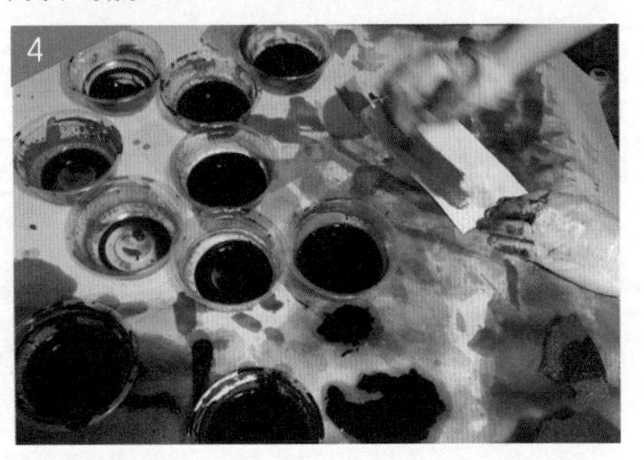

使用酒精染料为皮料部件染色。

染完颜色等待晾干，在背面上床面处理剂。

使用四菱斩打洞。

使用米白色蜡线和针缝线将包的各部件缝合。

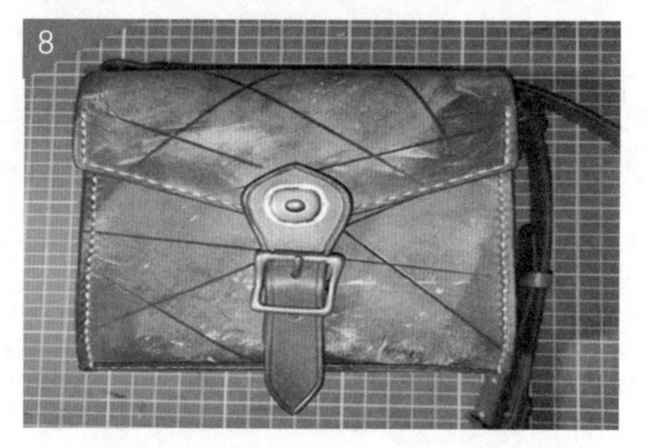

为皮包装好五金配件和包带，蓝色小斜挎包便完成啦。

课题二

画意手机袋

1. 理解课题

(1) 如何理解本次设计主题?

本次设计项目是以挖掘材质特点为灵感来完成一系列包袋的设计与制作的。传统工艺是民族文化重要的组成部分，是弥足珍贵的文化遗产。现代人们对配饰的审美需求一直在不停变化，将传统工艺融合于现代设计中已成为了配饰设计的新亮点。因此，我们想尽可能地去尝试将传统工艺技法与现代饰品相结合，创作出兼具文化与个性的时尚饰品。把创作融入生活，让人们可以感受到设计的价值。

(2) 以什么样的形式和风格来表现本次主题?

传统工艺有刺绣、雕刻、编织等。而纤维编织是人类文明史中最早的一种文明表现符号，它技法多变，具有“露、弹、密、柔、活”的艺术风格，是任何机械产品取代不了的一种特殊的艺术性手工艺品。我们将在本次项目设计中尝试用羊毛线、手工钩织工艺作为主要手段来完成这一次的主题设计与制作。

(3) 选择什么样的色彩搭配和情境应用?

考虑到色彩本身的属性和应用特点。在本次设计中，我们将尝试把色彩推移用钩织的方式展现出来，并以蓝白色进行规律的秩序排列、组合，从而使作品具有协调性和装饰性。在风格上主要突出的是低调含蓄的朴素美，因此也适用于一般的日常服饰搭配。

2. 市场调研与分析

针对本次设计项目的要求，我们通过实地和互联网、图书馆等多种渠道的调查，发现在制作材料的种类上有很多选择。因为考虑到羊毛的质地比较柔软，钩织后的质感和触感都比较舒适，所以我们选择它来作为袋子的制作材料。

3. 创意与构想

创意与构想是个人理念与生活方式的一种体现，它可以用任何形式、任何材料来表达。设计师通过用线和钩针这种传统的素材赋予手机袋特殊的情感属性和审美态度。网状的线形，白色到蓝紫色的渐变，将每一个佩戴者和欣赏者都带入了如诗如画的美妙意境中。

概念方案：设计一款手机袋，并采用手工钩织工艺和渐变色调来突出一种低调而含蓄的朴素美感。

4. 绘制草图和效果图

当有了基本的构思以后，我们就可以开始尝试绘制草图了，如图 3-32 所示。然后再根据本次项目设计的需要和主题要求，对完成的草图进行分析和修改，最后画出正稿效果图，如图 3-33 所示。

图 3-32　草图

图 3-33　效果图

5. 准备材料和工具

材料：羊毛线、蜡绳
工具：5 号钩针、剪刀

6. 实践制作

经过前面的多番调查、论证、筛选、细化，定稿后，便可以进入具体的制作阶段了。

准备工具与材料。

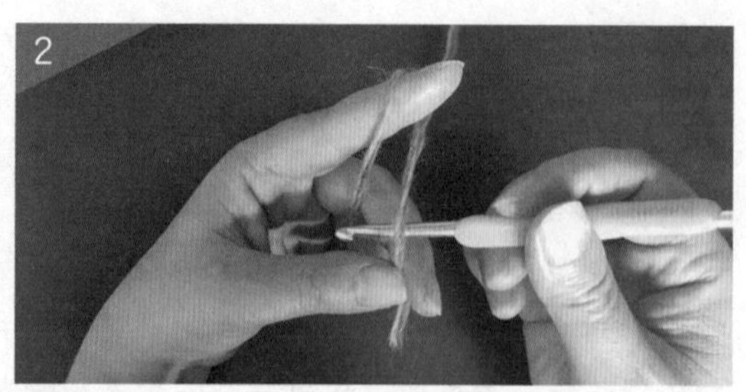

挂线起针。

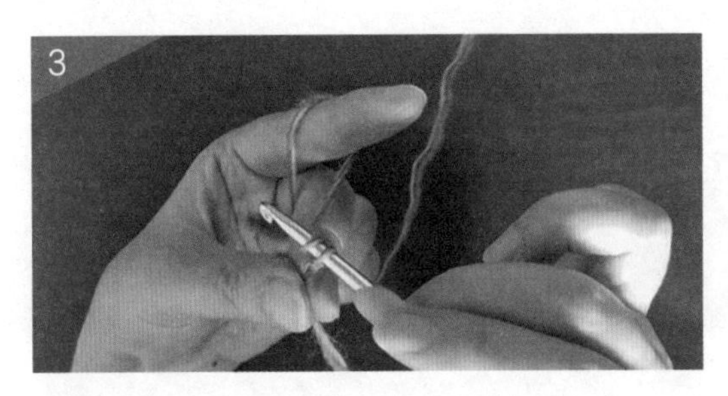

将线引拔穿过，得到一针锁针。

织完 15 针锁针，织 3 针立锁针，再以长针织成织片。

完成 4 行长针高度的钩织。

利用引拔针连接。

以剪子剪断羊毛线，钩织完成。

套上蜡绳作为肩带，画意手机袋就完成了。

课题练习

从材质上寻找灵感，用钩织工艺完成一套时尚包袋的设计与制作。

知识应用与思政目标

1. 能掌握材料制作工艺与质感表达，了解材料在配饰制作中的运用方式。
2. 具有严谨的工作态度，能选择正确合适的材料和工艺来完成工作任务。

任务四　鞋子的设计与制作

情景描述

鞋子是以实用为基础的服饰品之一，其目的是起防护和保暖的作用。早期的鞋子造型简单，随着社会的发展，鞋子的设计风格随着服装的流行风格、社会观念、审美倾向、艺术形式等各种因素的变化而呈现出极大的丰富性，也更加注重实用性和艺术表现力，更能贴近现代人的审美需求，如图3-34所示。

图3-34　鞋子/林文燕 吴同奋

一、鞋子的主要分类和应用特点

鞋子的种类很多，分类方式也很多，通常可以按照原材料的使用、年龄性别及造型特征等方面进行以下分类：

① 以原材料分类，大致分为草鞋、布鞋、胶鞋、木鞋、皮鞋等，图3-35所示。

图3-35　植鞣皮木底凉鞋/袁婉琪 黄东豪

② 以季节分类，大致分为凉鞋、棉鞋、保暖鞋等。

③ 以鞋跟特征分类，可分为平底鞋、高跟鞋、中跟鞋、坡跟鞋、厚底鞋等。

④ 以年龄性别分类：童鞋、老年鞋、男式鞋、女式鞋等，如图3-36、图3-37所示。

图3-36　高风亮节/蔡忠恩 何勇臻

图3-37　几何拼接女装鞋/黄明智 苏雅曼

二、鞋子的美学原理和搭配法则

1. 鞋子的美学原理

鞋子是兼具实用性与美观性的服饰品，它的造型设计与鞋子的美感和舒适度有关，具体细节上包括了每一只鞋子的鞋帮、鞋筒、鞋底、装饰等方面的设计。归纳起来大致为审美要求、舒适要求和材料要求三种。其中，审美要求就是其美学原理的集中体现。

首先，鞋子的设计需要与时尚流行元素相结合。比如高跟的造型在女鞋设计中应用较为普遍，鞋跟的高度、宽度、厚度会随着流行趋势的变化而产生不同的设计。如细而高的鞋跟讲究线条的挺拔和流畅，细而矮的鞋跟要求造型精致不显粗笨，粗大的鞋跟一定要与鞋的其他部位协调，使整个鞋子有厚实牢固的感觉，如图 3-38 所示。

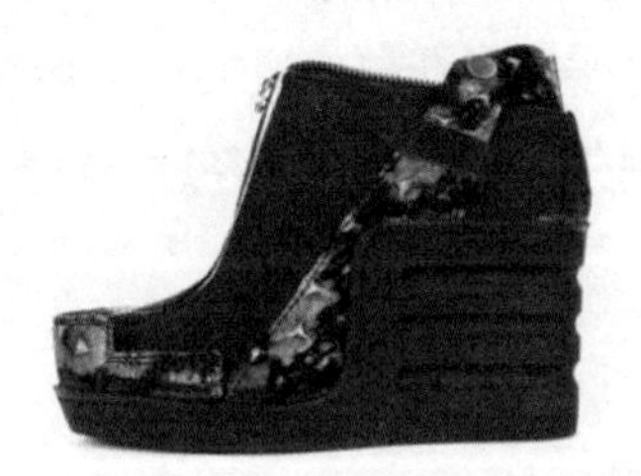

图 3-38 都市武装 / 徐信华 卢舒华

其次，鞋子的设计需要满足不同类型消费者的审美要求，不同用途的鞋子在造型上有不同的要求。

比如，适合时尚达人的鞋子可以紧贴时尚，造型也可相对夸张。相反的，老年人绝大多数对鞋子的需求是以穿着舒适为首要考量，过于花里胡哨的搭配未必能够满足老年人的审美要求。因此，针对不同类型的消费者，鞋子的设计也需要考虑到其不同的用途和需求。

最后，鞋子的设计需要考虑实用性与美观性的结合。人们最初对鞋子的实用性要求仅限于保暖、防护、便于行走，而现在一双好的鞋除了好穿之外，还应该好看、美观，尤其是新型材料的应用，也为消费者提供了更广阔的选择空间，图 3-39 中名为皮具配饰的鞋就是以几何构造的建筑作为设计灵感来源，通过使用几何块面体模仿出了建筑的外形特征，又在材料上使用了 PVC 与镀膜皮革构成了建筑表面玻璃与钢架交错的效果，通过观看作品就可以将灵感来源与设计作品联想起来。

图 3-39 皮具配饰 / 黄斌

2. 鞋子的搭配法则

(1) 鞋子的色彩选择与搭配

鞋的颜色既要独特，又要与整体服装格调匹配。一般和服装类似或者相同的颜色是最和谐的，但这只是对于穿单色调服装来说。若是穿花色多的服装，最好是选择黑皮鞋。黑色在视觉上让人感觉稳重，与各种颜色服装都能协调搭配，是永恒的流行色。如果想让鞋的颜色稍有变化，则可再备上灰色和白色的皮鞋，灰和白能使人感觉柔和，易与各种颜色的服装融合。

(2) 鞋子的款式选择与搭配

鞋的搭配技巧不只是颜色上的谐调，还有款式的组合。比如：紧身裤要与高帮运动鞋组合风格才统一；薄呢长裙与高跟长筒靴组合，能体现出女性的洒脱和柔媚；娉娉婷婷的旗袍与袅袅娜娜的高跟鞋组合，能展示出女性的典雅韵致；喇叭裤只有和细高的鞋跟组合才能突出修长的腿形；短牛仔裙与休闲鞋的组合则活力尽显。

3. 鞋子的工艺特点

在机械化程度较高的今天，鞋子的制作主要分手工和机械两种方式。一双鞋子的制作流程涉及制作鞋楦、剪纸样、缝合等内容。具体工艺步骤包括部件加工、钉中底、装主跟、内包头、绷帮、帮革底面起毛、填底芯（勾芯）、粘外底等，大致要经过一百多道工序才能完成，对工艺和技术上的要求十分考究。

课题

沧海桑田长靴

1. 理解课题

(1) 如何理解本次设计主题？

每个民族都有其独有的文化及内涵，民族的设计是充满魅力的设计，而传统文化聚集了民族的力量，是现代设计巨大的资源与宝库。传统文化是当代设计的艺术之源，无论是从设计的形式或是设计的精神内核，传统文化都给予了现代设计师无穷的启示与帮助。

(2) 以什么样的形式和风格来表现本次主题？

在确定了从传统服饰文化去进行借鉴后，我们初步确定了从西藏少数民族的传统服饰文化去寻找灵感，在设计样式和色彩搭配上尽量体现西藏民族的特点和特色。

在这里要特别强调的是：将传统元素与现代鞋靴的结合不是简单机械地复制或照搬，而是需要将传统元素中的经典图形风格配色与鞋靴设计表达相结合，在设计的过程中着重思考如何将两者相结合运用，以及选用何种方式进行表达。

(3) 选择什么样的色彩搭配和情境应用？

配饰设计中的传统视觉元素包括配饰的造型、纹样、色彩等要素，在色彩的选择和应用上应该要能够突出该民族鲜明的地域性与民族性。西藏少数民族的传统服饰色彩鲜艳简洁，常用的色彩有黄、白、红、蓝、黑等色彩，形式丰富、夸张。因此，在这次的色彩搭配上将选用红和白等高纯色作为主要的色彩表现，鞋靴的样式也会相对简洁大方。

2. 市场调研与分析

针对本次设计项目的要求我们对当下国内外鞋靴品牌进行了相关资料的收集和调研，尤其是对复古风格的长靴，无论是国际品牌还是新兴的潮流品牌，都将传统的元素作为设计核心。因此在此次的项目设计中，我们将选取皮革材料进行设计，希望通过材质的对比表现独特的设计理念。

3. 创意与构思

少数民族的传统服饰大多色彩鲜艳并伴随有图腾装饰，更能彰显地域和文化特色。

概念方案：设计民族风的鞋靴，并以色彩饱和的皮质材料进行搭配来创造出复古的感觉。

4. 绘制草图和效果图

图 3-40 为沧海桑田长靴的草图和效果图。

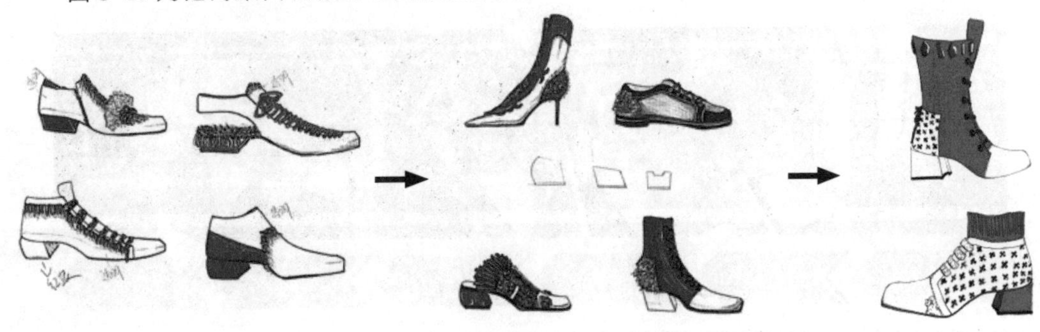

图 3-40　草图和效果图

5. 准备材料和工具

工具：针、钉枪、铁锤、剪刀、美工刀、直尺、冲了、猛鞋钳、排刷、卡纸、鞋楦、港宝定型鞋型

材料：皮料、开骨布条、鞋底、中底、定型布

6. 实践制作

经过前面的多番调查、论证、筛选、细化，定稿后，便可以进入具体的制作阶段了。

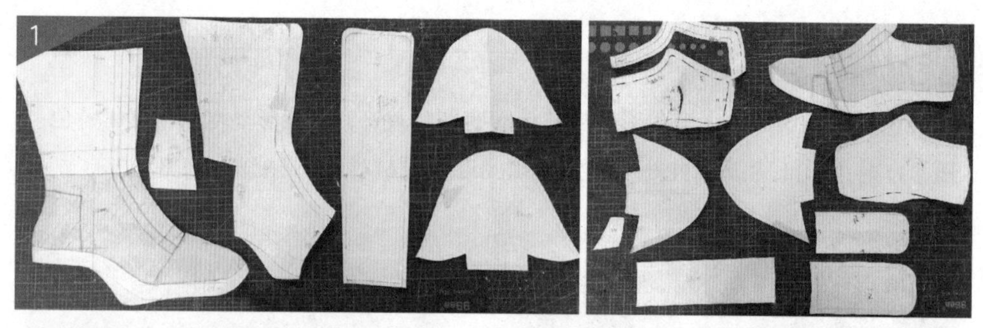

在鞋楦上量好尺寸，用卡纸开版。

处理皮料，进行缝合。

对中底进行固定，加入港宝定型鞋型，调整整体，裁剪多余里布，把各个部件进行缝合装钉。

Ⅳ 项目四 家居饰品设计与制作

任务一　挂饰的设计与制作

情景描述

挂饰在家居饰品中的应用非常广泛，比如壁挂、窗帘、软隔断等，同时与其他陈设品配合使用，可起到柔化、装饰、组织和分割室内空间的作用，如图 4-1 所示。

一、挂饰的主要分类和应用特点

1. 挂帷遮饰类

挂帷遮饰类是指挂于门、窗等部位的挂饰，同时也可用作分割室内空间的屏障，具有遮蔽和美化环境的作用。如窗帘、卷帘、门帘、隔断挂帷等。

2. 壁挂类

壁挂作为家居饰品中的重要挂饰类别之一，具有补充内容色彩、调节室内气氛、装饰和美化室内空间的作用。壁挂的种类很多，可以分为毛织壁挂、印染壁挂、刺绣壁挂、棉织壁挂等，它是体现现代装饰的造型、色彩，并与现代建筑紧密结合的一种艺术表现形式。

图 4-2 中墙上挂着的红色编织挂毯，使白色的墙面立马变得具有生活气息，和靠垫及木凳子的搭配，不仅能烘托出人与建筑环境的和谐氛围，而且还能够以极富自然气息的材料肌理质感和手工韵味的情调，唤起人们对自然的深厚情感。

3. 装饰挂画

装饰挂画是指装饰在室内的墙壁上并起到美化作用的画作，也是家居装饰中最常见的

图 4-1　装饰帘

图 4-2　挂毯 / 方渭馨 黄金玲

饰品类别。它能赋予家居空间与画作相应的文化气息，使得整体环境美观得体，因而十分受消费者的欢迎。如图 4-3 中的装饰挂画，抽象的画风让人浮想联翩，综合材料的拼贴和应用赋予了作品丰富的变化，特别适合放置于现代简约风格的家居环境中。

图 4-3　装饰挂画 / 陈韵妃

4. 装饰灯具

时代在发展，灯具不再仅仅是用来照明，它还兼具了装饰作用。一盏造型独特的灯饰就如同家居的眼睛，家居中没有了灯具，就如同人没有了眼睛一般，如图 4-4 中的灯具就借鉴了中国传统的剪纸工艺在木皮上进行雕刻，并通过内置多功能遥控调节灯和智能长条充电灯的方式，将自然界的动植物用光影的效果展现在易拉罐、纸袋和鸟笼上。在照明的同时也起到了良好的装饰功能，极具创意和趣味性。

图 4-4　影 · 映彩 / 张金旺

二、挂饰的美学原理和搭配法则

1. 挂饰的美学原理

家居装饰必须要根据人们居住、工作、学习、交往、休闲、娱乐等行为和生活方式来进行设计，以便既能在物质层面上满足人们使用及舒适度的要求，又能更大限度与美学原理的要求相吻合。

在前文关于耳饰的部分我们就曾提到统一与变化是构成形式美法则中最基本，也是最重要的一条法则。两者之间的关系是相互对立又相互依存的统一体，也即是整体和局部的关系。在挂饰设计中同样要遵守这样的规则与此对应的，作为室内环境的一个组成部分，应充分发挥自身优势，从造型和谐、材料质感和谐、色调和谐，风格式样和谐等方面做到自身的统一与和谐，才能使挂饰符合真正意义上的形式美学，如图 4-5 所示。

图 4-5 拉姆塞吊灯 / 宜家

2. 挂饰的搭配法则

众所周知，饰品在家居中能起到画龙点睛的作用。那么将饰品置于家居中哪些地方，如何搭配，便体现了家居设计者对于饰品的色彩、质感和家居风格的整体把握能力。如果搭配恰当的话，便能勾勒出独特的风景，彰显主人的个性品位。因此，在选择挂饰进行搭配的时候，需要注意以下原则：

(1) 统一和谐，符合形式美要求

家居装饰需要体现风格、突出创新、但更重要的是将挂饰的独特性和室内环境的色彩与风格相融合，这也是家居装饰整体性原则的根本要求。

比如，在一个现代感较强的室内可选择较为抽象的装饰画，而在传统风格的室内则可采用写实的油画或中国画；如果室内空间中色调相对单一的，在挂饰的选择上可以考虑采用能够形成对比的色彩进行搭配；如若室内空间中的色彩比较丰富，挂饰的色彩则应向主要色调倾斜，从而构成统一的色调。

(2) 以人为本，符合空间要求

室内空间陈设的作用是为了使人们生活的环境更加美好，在设计和布置时应在物质层面上满足人们的使用需求，同时还应充分考虑与形式美感的相互协调和配合。

比如，选择挂帷遮饰类的产品，要结合居室采光、家具陈设、空间大小、房间色彩、个人爱好和家庭的经济条件等情况综合加以考虑。一般来说，面料应美观实用、图案色彩不宜太复杂。客厅光线充足，又是人们活动比较集中的场所，适宜采用透光而有图案的挂帷遮饰，卧室通常要求静谧，色彩不宜太强烈，光线不宜太强。因此，最好选择半透光或不透光的面料，使人在静谧的环境中得到充分的休息。

(3) 彰显个性，符合人文需求

选择挂饰无论品种、形式都要符合主人的职业与身份，体现主人的爱好与修养。比如，对于喜好书画研究的人来说，选择一件书法作品当成挂饰远胜于富丽堂皇的浓妆艳抹，并能更好彰显出主人的艺术修养。

三、挂饰的工艺特点

装饰挂画以制作方法进行划分可以分为三大类，分别是占主流的印刷品装饰画，实物装裱装饰画和手绘作品装饰画。它们的制作工艺包括了手绘、印刷、拼贴、雕刻、编织、电烙、扎染等众多手法，以此形成了丰富的画面效果。

而壁挂主要是以棉、毛、丝、麻、纸张等各种纤维为原料，采用手绘、编结、织缝、裁剪、扎染、印、拼贴、绣、镶、抽等的工艺手法，从平面到立体，利用其材质特点、肌理效果和多变的艺术手段来表达设计观念和思想情感，如图 4-6 所示。

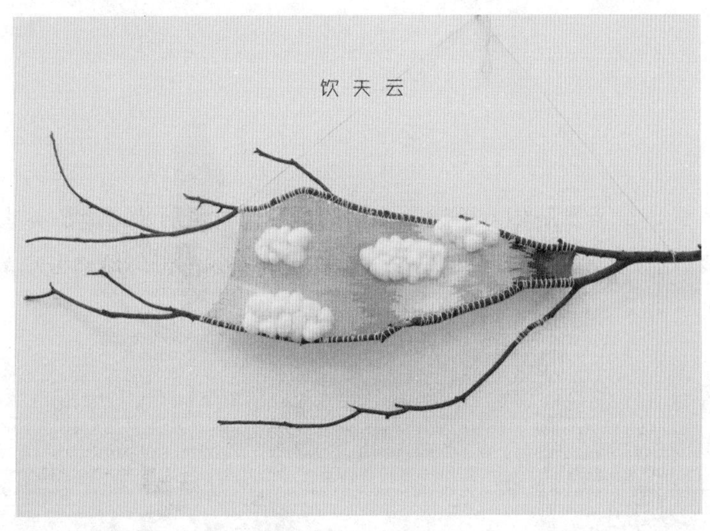

图 4-6 饮天云 / 梁小情

任务二　摆件的设计与制作

情景描述

随着整个社会的经济发展和人们物质生活的提升，对家居装饰上的需求逐渐成为了一种潮流趋势。装饰摆件作为家居饰品的一部分，在提高室内陈设环境格调和美化环境视觉效果、满足人的审美需求上有着举足轻重的作用，如图 4-7 所示。

图 4-7　陶瓷摆件 / 蒋才冬

图 4-8　恐龙乐园 / 郑振宇

一、摆件的主要分类和应用特点

按照不同的材质大致可分为：木质装饰摆件、陶瓷装饰摆件、金属装饰摆件、树脂装饰摆件、玻璃装饰摆件。

1. 木质装饰摆件

广义的木质装饰摆件是指以各种木材为主要原料进行设计和制作的装饰摆件。其做工精细、风格各异，种类也是丰富多样。有机器制作，有纯手工制作，有半机器半手工制作。图 4-8 中的恐龙乐园便是以“南雄红层”古生物化石集中地的恐龙元素为灵感进行开发和设计的一组智能装饰灯具摆件。选用原木材质的表达更能给人一种亲切和温暖的感觉，也希望借此能唤起人们对于动物、人、环境三者之间关系的思考。

2. 陶瓷装饰摆件

陶瓷是陶器与瓷器的统称。陶瓷装饰摆件是指采用陶瓷材料和工艺进行设计和制作的艺术样式。陶与瓷的质地不同、性质各异。陶，是以黏性较高、可塑性较强的黏土为主要原料制成的，不透明、有细微气孔和微弱的吸水性，击之声浊。瓷是以黏土、长石和石英制成，半透明、不吸水、抗腐蚀，胎质坚硬紧密、叩之声脆。现代陶瓷注重质地性能，不讲究是粗糙还是精细的原料，取材也不再仅限于瓷泥和陶泥，而是有意突破传统陶瓷原料的使用范围，利用泥料的不同特性，发挥各种材质的潜在美感，只要能经窑烧的泥、沙等材料都可用来为之服务，如图 4-9。

图 4-9 陶瓷装饰摆件 / 蒋才冬

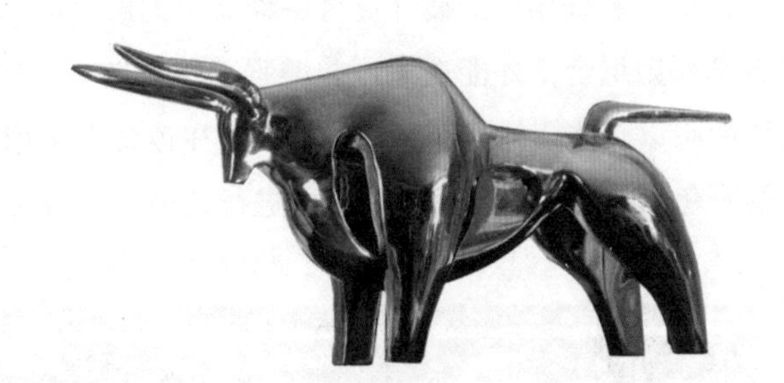

图 4-10 斗牛 / 星工产

3. 金属装饰摆件

金属装饰摆件是以金、银、铜、铁、锡等金属材料，或以金属材料为主，辅以其他材料，加工制作而成的装饰摆件，如图 4-10 所示。

4. 树脂装饰摆件

树脂装饰摆件是以树脂为主要原料，通过模具浇铸成型，制成各种造型美观形象逼真的人物、动物、昆虫、花鸟等装饰摆件，如图 4-11 所示。

5. 玻璃装饰摆件

玻璃装饰摆件是指以玻璃材质为载体，体现设计概念和表达艺术效果的装饰摆件，如图 4-12 所示。

图 4-11 树脂摆件 / 蒋才冬

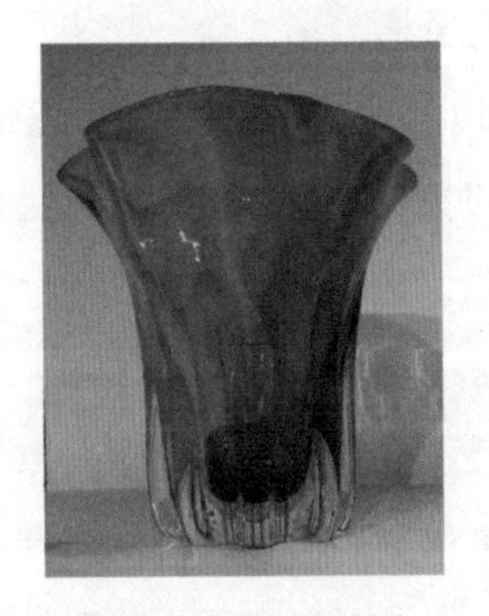

图 4-12 花器 / 下田显生

二、摆件的美学原理和搭配法则

1. 摆件的美学原理

现代的家居装饰品，仅仅实用是不够的。越来越多的设计者在设计中融入自己巧妙的心思，将美化家居的功能应用在平凡的家居装饰品上。而美的根源是表现在潜在心理与外在形式的协调统一上的，是建立在整个作品的形态所呈现出的各种构成关系是否具有美的感觉上的。

因此，装饰摆件的设计应将各种造型的形式因素（点、线、面、体、肌理和材质等）遵循美学原则组合，才能最大可能增强美感效能。如图 4-13 中的系列作品将中国传统的戏曲脸谱图腾以立体摆件的样式呈现出来。在色彩上运用了对比色、互补色等色彩组合，并以点状的彩色水钻在陶瓷坯体的基础上进行装饰，形成了独特的装饰效果。

图 4-13　学生作品 / 孙添莹等

2. 摆件的搭配法则

家居装饰摆件设计的目的主要是用于烘托室内的环境，营造室内环境的情趣。因此，将创意构思的独特性和室内环境的风格相融合是室内家居装饰搭配的根本要求，具体体现在以下几点。

① 选择摆件要结合家居的整体风格进行搭配。从材质、色彩、造型等方面进行考虑，与室内空间的风格、形式统一起来，使摆件与室内主体设计和整体环境协调一致。例如，简约的家居设计，同样具有简约设计感的家居摆件就很适合整个空间的个性。

② 选择时首先要遵循宁缺毋滥的原则，不能一味追求高档或任意堆砌，而将室内布置的杂乱无章，应在充分考虑室内环境的前提下，有目的的选择一些与室内空间相得益彰的家居摆件。

③ 按照艺术品陈设的观赏特点来布置陈设品，才能更好展示和欣赏其艺术特点。如摆件适宜作立体观赏，在布置时就需要比较独立和灵活的位置。陈设位置可以设计在视线的焦点上，使室内陈设更加完美，并起到画龙点睛的作用。

三、摆件的工艺特点

1. 木质装饰摆件的工艺特点

木质装饰摆件的制作工艺是以雕或刻等减法为主要造型手段，可分为机器制作、纯手工制作、半机器半手工制作。如传统木雕工艺一般采用雕刀或刻刀等工具，由外向内，一步步通过减去废料，来感受各种刀法运用过程中产生的特殊韵味，并循序渐进地将形体挖掘显现出来，其魅力是其他材质的雕塑无法达到的。

2. 陶瓷装饰摆件的工艺特点

在现代陶瓷装饰摆件的制作中，原料的取材是不拘一格的。与多种材料的结合、并用、渗透，能够产生相得益彰的艺术效果，使陶瓷装饰摆件既有丰富的表现性又有充分的协调性，表面装饰和空间处理也能够登上一个更高的层次。陶瓷装饰摆件的制作大致包含了选土、坯料的配方和制备、成形、釉料选择、干燥、焙烧和装饰等环节。每道工序都需经过全检或实验，马虎不得。如果某个环节没有处理到位，极有可能导致功亏一篑。

3. 金属装饰摆件的工艺特点

金属装饰摆件在 20 世纪 50 年代以前基本上都是手工制作。50 年代中期以后，随着工业的进步和发展，部分辅助性工序已逐步实现机械化，对那些决定产品艺术质量的关键工艺如点掏、填嵌、錾刻、粘接等仍以手工制作完成。

金属装饰摆件依产品的材料、造型、结构和装饰划分大体可分为：

① 熔铸、煅烧、焙烤、焊接等热加工工艺；

② 锤打、挤轧、掰转、窝形、錾凿等冷加工工艺;

③ 编结、堆垒、点攒等攒压工艺;

④ 镶嵌、点翠、填釉等填嵌工艺;

⑤ 镀金（银）、镏金、包金（银）及抛光等表面处理工艺。

4. 树脂装饰摆件的工艺特点

树脂装饰摆件的工艺特点主要是以树脂为基料，含盖翻模、固化、脱模等工艺步骤的制作流程。在此过程中，选择一个好的模种，然后根据模种做出模具，再将树脂和填充料按一定比例调好后灌入模具内，晾干固化后脱模做表面处理，这个过程还是很考验功力的。

5. 玻璃装饰摆件的工艺特点

玻璃装饰摆件的制作工艺大多为手工制胎、雕刻、用脱蜡铸造法，经多次翻模、浇铸成型。如灯工玻璃装饰摆件就是以五彩六色的玻璃棒为主要材料，运用氧气与液化气给玻璃棒加热，使加热后的棒材快速融化，然后由操作工借助钳子、刀片等其他小工具进行各款产品塑形的。

参考文献

[1] 郑辉，潘力 . 服装配饰设计 [M]. 沈阳：辽宁科学技术出版社，2008.

[2] 苏洁 . 服饰品设计 [M]. 北京：中国纺织出版社，2009.

[3] 曾丽 . 服饰设计 [M]. 上海：上海交通大学出版社，2013.

[4] 唐建，宋季蓉，林墨飞，等 . 居室软装饰指南 [M]. 重庆：重庆大学出版社，2013.

[5] 张明 , 姚喆 , 沈娅 . 室内陈设设计 [M]. 北京：化学工业出版社，2018.